상상이
현실이 되는
순간

시대를 앞서간 SF가 만든 과학 이야기

상상이 현실이 되는 순간

FROM SCIENCE FICTION TO SCIENCE FACT

조엘 레비 지음 | 엄성수 옮김

행;북

서문

모든 것은 SF로,
모든 SF는 과학으로 통한다

영국의 소설가이자 SF 역사가이며 영화 〈태양의 제국Empire of the Sun〉의 원작자이기도 한 J. G. 발라드James Graham Ballard는 사람들이 의무적으로 SF 소설을 읽어야 한다고 믿었다. 그는 50년 전에 SF에 대해 '지난 100년간 쓰인 모든 소설들 가운데 가장 중요한 소설'이라고 했다. 발라드에게 SF는 단순히 새로운 개념을 추구하는 것도 소일거리도 아니었으며, 미래를 창조하는 데 실질적인 도움을 주는 것이었다.

그는 또 이렇게 적었다. "모든 것은 SF로 통한다. 거의 보이지 않는 문학의 가장자리에서 20세기의 온전한 현실이 생겨났다. 현대의 SF 작가들이 오늘 발명하는 것들을 당신과 나는 내일 실현할 것이다."

21세기 관점에서 볼 때 발라드의 이런 주장은 얼마나 정확할까?

SF, 아니 적어도 대중문화의 상상력 속 가장 중심적인 개념들 중 일부는 아직까지도 실현되지 못하고 있다. 하늘을 나는 자동차, 개인용 제트팩, 로봇 집사 등이 그렇다. 그러나 오늘날 어디서나 볼 수 있는 아주 중요한 기술 중에는 SF가 예견했을 뿐 아니라 많은 경우 그것이 실현되는 데 도움까지 준 기술이 셀 수 없이 많다. 당대 최고의 미래지향적 아티스트이자 〈블레이드 러너Blade runner〉, 〈에일리언

2Aliens 2〉 같은 영화의 콘셉트 디자이너였던 시드 미드Syd Mead는 SF를 '시대를 앞서간 현실'이라고 표현한 바 있다.

원자폭탄과 탱크의 출현에 직접적인 영향을 준 H. G. 웰스Herbert George Wells, 원격조종되는 드론 배 같은 시대를 앞서간 야심찬 발명품들을 만들어낸 니콜라 테슬라Nikola Tesla 등 이 책에서 우리는 이처럼 '시대를 앞서간 현실'을 만들어낸 작가와 미래학자 그리고 선견지명이 있었던 발명가들에 대해 살펴보고자 한다. 또한 각 기술의 역사와 그 발전상을 더듬어볼 것이며, 선견지명이 있는 SF적 개념이 어떻게 현실에서 기술로 실현되었는지 그 과정을 깊이 탐구할 것이다.

이 책에서 여러분은 니콜라 테슬라와 베르너 폰 브라운Wernher von Braun 같은 혁신적인 발명가들은 물론 쥘 베른Jules Verne, 올더스 헉슬리Aldous Huxley, 아서 C. 클라크Arthur C. Clarke, 아이작 아시모프Isaac Asimov 같은 작가들, 그리고 〈스타트렉Star trek〉과 〈6백만 달러의 사나이The six million dollar man〉같이 이미 친숙한 영화, TV 시리즈 등도 만나게 될 것이다.

차례

PART 1

우주 & 교통

01

인공지능 자동차

〈전격Z작전〉의 키트부터
자율주행 자동차까지

현재 미국 애리조나 주 피닉스에서는 10년 전까지만 해도 아주 먼 미래의 일로 보였을 법한 대규모 실험이 진행 중이다. 자동차들이 잠시 멈춰 서서 승객을 태우고 많은 차들 속으로 들어가 복잡한 거리를 요리조리 헤쳐가며 차선을 바꾼다. 신호등에 걸리면 다시 파란불로 바뀔 때까지 기다렸다가 교통 흐름에 따라 가속을 하거나 브레이크를 밟기도 한다. 목적지에 다다른 자동차들은 길가에 잠시 멈춰 서서 승객을 내려준다. 이 모든 것이 운전자의 개입 없이 이뤄진다.

이 차는 구글의 모회사인 알파벳 주식회사Alphabet Inc.의 자회사 웨이모Waymo가 만든 무인 자동차다. 웨이모는 자사의 로봇 자동차가 2009년부터 '도로 위의 완전 자율주행on the road to fully self-driving'이라는 프로그램의 일환으로 무려 1억 마일(약 1억 6,000만 킬로미터) 이상 시험 운행을 해왔다고 자랑한다. 그들은 하루에 보통 미국

▲ 2018년 재규어와 웨이모가 손잡고 함께 제작한 자율주행 전기 자동차.

인들이 1년간 달리는 거리 이상을 달린다고 한다.

그런데 웨이모는 자율주행 자동차를 개발 중인 많은 기업과 프로그램 중 하나에 지나지 않는다. 현시점에서 이 자율주행 자동차들이 일상적이며 상업성 있는 자동차가 될 수 있을 것인가 하는 문제는 전적으로 각종 규제와 사회적 수용 여부에 달려 있다. 그리고 이 분야는 수많은 SF에 나오는 무인 자동차들에서 많은 영향을 받았다.

키트, 자니 그리고 크리스틴

사람들이 자율주행 자동차에 대해 가지고 있는 SF적인 기준은 거의 다 영화와 텔레비전으로부터 온 것이다. 가장 잘 알려진 자율주행 자동차는 아마 1980년대

에 인기리에 방영된 TV 시리즈물 〈전격Z작전〉(원작 제목은 〈나이트 라이더Knight rider〉) 에 나오는 '키트'일 것이다. 이 시리즈물에서 키트는 영화배우 데이비드 핫셀호프와 팀을 이뤄 힘없는 무고한 사람들 편에 서서 범죄와 맞서 싸운다. 키트는 1982년 폰티악 사에서 출시한 파이어버드를 개조해 만든 인공지능 자동차로, 마치 사람이 그런 것처럼 자신만의 독특한 개성을 갖고 있다. 키트는 주인공 마이클 나이트에게 이렇게 말한다. "나를 자동차라고 부리지 마세요. 너무 모욕적인 말입니다." "나는 나이트 인더스트리스 2,000The Knight Industries Two Thousand입니다. 키트KITT라고 불러주세요."

◀ 1980년대 인기 TV 시리즈물 〈전격Z작전〉에 등장한 자율주행 자동차 키트.

▲ 키트의 내부 모습.

키트는 원래 정부의 중앙 컴퓨터에 의해 관리되다가 후에 폰티악 사에 의해 관리되면서 1기가바이트의 메모리를 장착했는데, 지금은 별 거 아니지만 그 당시만 해도 최고 사양의 하드웨어였다. 또 장갑차처럼 방탄 기능을 갖추었고, 앞쪽 보닛에는 '어나모픽 이퀄라이저Anamorphic Equalizer'라고 부르는 좌우로 움직이는 빨간색 LED 라이트를 장착해 시각은 물론 감정 표현 능력까지 배가시켰다. 키트는 아주 발달된 후각 및 청각 능력을 갖고 있었고, 여러 가지 억양을 흉내 낼 수 있었으며, 갈고리를 쏘아 무언가를 걸거나 최루 가스를 뿜을 수도 있었다. 심지어 탑승자가 실내에서 쌍방향 스크린을 가지고 아케이드 게임을 즐길 수 있게 되어 있었다.

무인 자동차의 비전을 제시한 또 다른 영화로는 1990년에 나온 폴 버호벤Paul Verhoeven 감독, 아놀드 슈왈제네거 주연의 〈토탈 리콜Total recall〉을 들 수 있다. 이 영화는 1966년에 나온 필립 K. 딕Philip K. Dick의 소설 『도매가로 기억을 팝니다We can remember it for you wholesale』를 토대로 만들어졌다. 이 영화에서 주인공 퀘일 역을 맡은 슈왈제네거는 '자니 캡'이라는 택시를 타고 지구의 이곳저곳을 돌아다니는데, 이 택시는 간단한 대화를 할 수 있는 로봇 마네킹이 딸린 인공지능 자율주행 택시로, 이론상 적어도 인간의 지시를 이해하고 따를 수 있다.

그러나 이 택시는 방언 등에 대한 언어 처리 능력이 믿을 만하지 못하며, 흥분한 탑승객들의 요구를 제대로 이행하는 데 애를 먹는다. 자니 캡이 자신의 지시를 제대로 이해하지 못하고 헤매자 퀘일은 그냥 "운전이나 해!"라고 지시하고, 보다 못해 로봇 마네킹을 뽑아 던져버리고 자신이 직접 운전을 한다(이로 미루어보건대, 자니 캡은 기존의 자동차와 크게 다르지 않으며, 실제 운전은 로봇 마네킹이 하는 듯하다).

어쩌면 자니 캡은 '시리Siri'나 '알렉사Alexa' 같은 음성인식 서비스에 많은 기대를 한 사용자들이 향후 맛보게 될 실망감을 미리 맛보게 해준 셈이며, 또한 미래의 실제 자율주행 자동차에서 생겨나게 될 탑승객과 인공지능 간의 교감 문제도 미리 보여준 셈이다.

〈러브 버그The Love Bug〉(1968)와 〈크리스틴Christine〉(1983)은 일정 수준의 지각 능력을 가진 자동차가 얼마나 많은 가능성과 위험성을 갖고 있는지에 대한 또 다른 시각을 보여준 영화들이다.

〈러브 버그〉에서는 생명은 물론 나름대로의 성격까지 갖고 있는 '허비'라는 이름의 폭스바겐 비틀이 등장하고, 스티븐 킹의 동명 소설을 토대로 만들어진 영화 〈크리스틴〉에서는 1958년형 플리머스 퓨리가 질투심과 복수심에 불타는 악령에 씌어 여러 사고를 치고 살인까지 저지른다. 이 두 영화에 등장하는 차들은 SF라기보다는 초자연적인 성격을 띠지만 자동차가 스스로 운전을 한다는 미래지향적인 관점에서 볼 때 무형의 지각능력과 지각을 가진 컴퓨터 프로그램 사이에는 대체

▲ 1983년 제작된 코미디-호러 영화 〈크리스틴〉의 포스터.

무슨 차이가 있을까? 결국 후자를 '기계에 깃든 유령'이라고 부르는 데는 다 그럴 만한 이유가 있는 것이다.

이미 2세기 전에 구상된 전기 자동차

키트는 사람들 입장에서 가장 접근하기 쉬운 무인 자동차 모델일 수도 있지만, SF 세계에서는 데이비드 핫셀호프가 키트를 타기 훨씬 이전부터 이미 이런 첨단 자동차를 예견했다. 이른바 '도금 시대'라 불렸던 미국 황금기의 거물로, SF 작가이기도 했던 존 제이콥 애스터 4세John Jacob Astor IV는 1894년에 쓴 『다른 세계에서의 여행A journey in other worlds』이라는 소설에서 미래의 자동차에 대한 자신의 비전을 제시했다. 그는 전기 자동차 시대가 올 것을 예견했을 뿐만 아니라, 그 전기 자동차는 재충전이 가능하다면서 풍력 터빈 및 충전소와 함께 재생 에너지 생산 시스템 전체를 간략하게 설명하기까지 했다. 그러나 애스터의 선견지명에 대해 알아보기에 앞서 먼저 주목할 만한 사실이 있다. 그것은 초기 자동차 디자인 중 상당수는 전기 자동차를 기반으로 디자인했다는 사실이다. 바꿔 말하면 19세기 말까지만 해도 내연기관이 다음 세기에 지배적인 자동차 모델이 되리라는 것이 확실하지 않았던 것이다.

자율주행 자동차에 대한 가장 오래된 설명 중 하나, 그리고 자율주행 자동차 발명에 가장 큰 영향을 준 SF물 중 하나는 미국 정신과 의사이자 작가인 데이비드 H. 켈러David H. Keller가 1935년에 발표한 소설 「살아 있는 기계The living machine」다. 이 소설에서는 존 푸어선이라는 발명가가 제대로 조종되지 않는 자동차 때문에 시궁창에 빠지고 만다. 그때 그는 이렇게 결론짓는다. "바로 이런 이유 때문에라도 보통 사람이 이렇게 강력한 기계를 운전하게 해선 안 돼." 그리고 그는 '새로운 자동차'를 개발한다. 그러나 밥슨이라는 친구는 그 자동차를 보고 비웃듯 말한다. "에이, 전혀 새로운 차도 아닌데 뭐." 그러나 자동차 안을 들여다본 순간 밥슨의 표정은 싹 바뀐다. "핸들은 어디 있어?" 당황한 밥슨이 묻는다. "그런 건 필요 없어." 자동차

▼ 아이작 아시모프가 쓴 「샐리」의 시작 부분과 자동차가 자신을 운전하는 사람들보다 지능이 더 높아지면서 일어나는 일들을 떠올리는 장면의 삽화.

34

Illustrator: Emish

SALLY

By ISAAC ASIMOV

With the highway slaughter mounting year after year, something pretty drastic must be done. We can't suggest eliminating all automobiles; no government body would dare to legislate us back on our feet. That leaves but one answer: make cars more intelligent than their drivers!

Sure, it can be done. Look at all these cybernetic brains they're using nowadays. Solve everything from your income tax to the number of molecules you can squeeze into a moustache cup. After a few minor adjustments, one of these mechanical minds could be installed to take over the operation of your Plymouth. Nothing to do but sit back and be driven to your destination without danger of being plowed into by some moron.

Of course, there is one fly in the gas tank, so to speak. Suppose you let Isaac Asimov (we understand he never learned to drive!) tell you about it in this unique story of the future rulers of the roads.

SALLY was coming down the lake road, so I waved to her and called her by name. I always liked to see Sally. I liked all of them, you understand, but Sally's the prettiest one of the lot. There just isn't any question about it.

She moved a little faster when I waved to her. Nothing undignified. She was never that. She moved just enough faster to show that she was glad to see me, too.

I turned to the man standing beside me. "That's Sally," I said.

He smiled at me and nodded.

Mrs. Hester had brought him in. She said, "This is Mr. Gellhorn, Jake. You remember he sent you the letter asking for an appointment."

That was just talk, really. I have a million things to do around the Farm and one thing I just can't waste my time on is mail. That's why I have Mrs. Hester around. She lives pretty close by, she's good at attending to foolishness without running to me about it,

35

스스로 다른 여러 자동차들 사이로 운전해 들어가게 하면서 푸어선이 말한다.

데이비드 H. 켈러는 자동차 자율주행 기술이 안전성과 개인의 이동성을 높이는 동시에 교통수단을 좀 더 편하게 이용하게 하는 데 크게 기여할 것이라고 생각했다. "이제 노인들도 자기 차를 몰고 대륙을 건너갈 것이고 … 맹인은 태어나서 처음으로 안전하게 운전할 수 있을 것이다. 그리고 부모는 자기 아이를 학교에 보낼 때 운전기사가 운전하는 옛날 차에 태워 보내는 것보다 '새로운 자동차'에 태워 보내는 것이 더 안전하다는 것을 알게 될 것이다."

주목할 만한 무인 자동차의 예는 SF 소설계의 거장인 아이작 아시모프의 작품 속에서도 발견된다. 이는 1953년에 내놓은 소설 「샐리Sally」에서 아시모프는 〈러브 버그〉의 허비처럼 나름대로의 생각과 성격을 가진 낡은 자율주행 자동차들의 은퇴 시설을 상상한다. 그의 소설 속 세상에서 자율주행 자동차들은 2015년경에 발명되며, 처음에는 주로 전쟁에서 눈이 먼 퇴역 군인, 하반신 마비 환자 그리고 국가원수 등에게 할당됐다.

아시모프는 무인 자동차가 현실에서 널리 받아들여지는 데 가장 큰 장애가 될 문제들 가운데 하나에 대해서도 예견했다. 그러니까 자율주행 자동차들이 제 기능을 십분 발휘하려면 모든 자동차가 자율주행을 해야 하는데, 사람들이 그것을 지지하지 않을 수도 있다는 것이었다. "나는 구식 자동차들은 고속도로에 나오면 안 되며, 고속도로 주행은 자율주행 자동차들에 한해서 허용된다는 법이 처음 나왔을 때를 기억한다. 정말 난리도 아니었다. 사람들은 공산주의네 파시즘이네 하며 욕을 해댔다."

아시모프는 또 자율주행 기술로 인해 자동차를 함께 타는 사람들이 늘고 자동차를 소유하는 사람들이 줄어드는 등 교통수단을 대하는 방식에도 변화가 올 거라고 예견했다.

자율주행 자동차 시대를 예견한 미래학자들이 주장하는 것 중 가장 흥미로운 것 하나는, 자율주행 차량 자체가 상업적인 활동을 하는 기업이 되어 스스로를 고용하고 재무관리를 하기 때문에 사람들은 더 이상 자동차를 소유하려고 하지 않을 것이라는 점이다.

아시모프는 또 1964년에 50년 후 국제박람회에서 선보일 전시물들을 예측한 글을 쓴 것으로 유명한데, 즉석 식품, 무선 가정용 기기, 사막 지역에 건설될 거대한 태양열 발전소 등을 언급했으며, "2014년이면 로봇들이 그리 흔하지도, 성능이 뛰어나지도 않겠지만 어쨌든 존재는 할 것이다"라며 소비자 로봇 기술에 대해서도 언급했다. 당시 그는 무인 자동차의 전망에 대해서는 이렇게 예견했다. "로봇-뇌를 가진 자동차를 만들기 위한 많은 노력들이 경주될 것이다. 목적지만 정해주면 인간 운전자의 느린 반사신경은 전혀 개입할 필요 없이 직접 목적지까지 운전해서 가는 자동차 말이다."

로봇 윤리학 문제

자율주행 자동차의 발전에 아시모프가 가장 크게 기여한 것은 무엇일까? 이는 사실 자동차 자체와는 무관하지만, 아시모프는 완전한 자율성에 지능까지 갖춘 로봇이 인간 또는 로봇 자신과 관련해 일으킬 수 있는 문제들을 다루는 로봇 윤리학 분야에서 선구자적인 SF 사상가였다. 그는 다음과 같이 유명한 '로봇 공학 3원칙'을 세움으로써 로봇들을 위한 일종의 3계명을 정립했다.

1. 로봇은 인간에게 직접 해를 가하거나 아니면 어떤 행동을 하지 않아 인간이 해를 입게 해서는 안 된다.
2. 로봇은 인간이 내리는 명령에 복종해야 한다. 단, 그 명령이 첫 번째 원칙과 상충될 경우는 예외다.
3. 로봇은 자신의 존재를 보호해야 하는데, 그런 보호 행위가 첫 번째와 두 번째 원칙과 상충되어서는 안 된다.

아시모프는 소설을 통해 로봇 공학 3원칙의 적용을 주장하고 또 그 원칙의 허점에 대해서도 이야기했지만, 무인 자동차 디자이너와 엔지니어 그리고 프로그래머들은 실제 세계에서 그런 문제들과 직접 맞닥뜨리게 된다. 철학자들이 말하는 이른바 '트롤리 딜레마Trolley Problem'는 로봇 윤리학 문제의 기본 패러다임을 잘 보여주는 것으로, 이는 1967년 영국의 철학자 필리파 풋Philippa Foot이 실시한 한 사고실험에서 처음 제시됐다.

트롤리 딜레마란 철로 위를 달리는 통제 불가능한 열차와 관련된 것으로, 이 열차는 선로 위에서 작업 중인 여러 인부들을 곧 덮칠 상황에 처해 있다. 이 경우 '선로를 변경하는 장치인 전철기를 조작해 이 열차를 인부 한 사람이 작업 중인 다른 선로 쪽으로 가게 하는 것이 윤리적으로 합당한 일일까? 아니면 반드시 그렇게 해야 할까?' 이런 의문에 대한 답을 찾는 데 근거가 되는 것이 바로 공리주의적 접근 방식이다. 그러니까 이익을 극대화시키는 행동이 윤리적으로 공공의 이익에 부합된다는 것이다. 따라서 기본적인 트롤리 딜레마에서는 열차가 여러 사람보다는 한 사람을 치는 게 낫기 때문에 전철기를 조작해 선로를 바꾸는 게 윤리적이라고 본다. 이 같은 공리주의는 인공지능 기술에 윤리적인 측면을 적용하려 할 때 흔히 사용되는 접근 방식 중 하나다. 이론적으로 정량화할 수 있는 변수들이 들어 있어 수

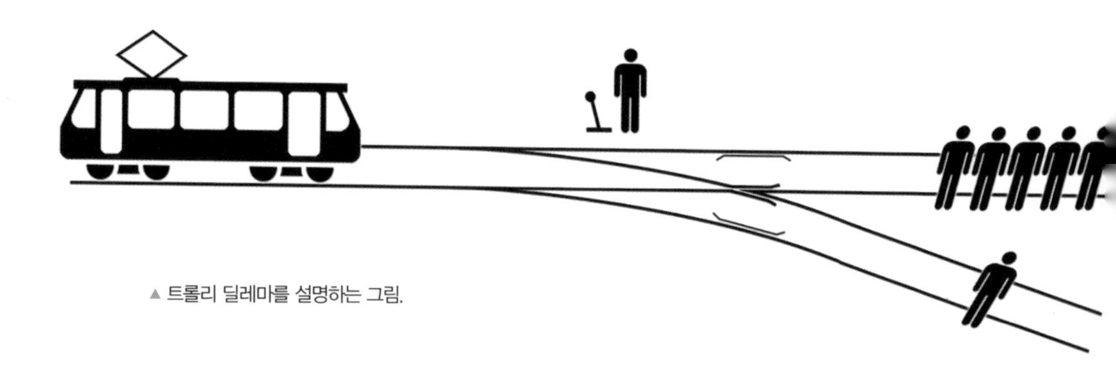

▲ 트롤리 딜레마를 설명하는 그림.

▶ 1957년에 그려진 삽화. 자동차가 스스로 운전을 하는 동안 한 가족이 보드게임을 즐기고 있다.

치 계산이 가능하기 때문이다.

터널과 관련된 트롤리 딜레마는 로봇 자동차 윤리학을 탐구하는 데 꼭 필요한 패러다임 중 하나다. 그러니까 트롤리 딜레마에서 한 걸음 더 나아가 이번에는 자율주행 자동차가 차선이 하나밖에 없는 터널 입구를 향해 전속력으로 달려가고 있는데 갑자기 보행자가 도로 한가운데로 뛰어든다는 시나리오를 가정해보는 것이다. 이 자동차의 컴퓨터 뇌는 즉각 결정을 내려야 한다. 이때 자동차는 보행자를 피하기 위해 방향을 틀어야 할까? 그 경우 자동차는 터널 한쪽 벽을 들이받게 될 것이다. 아니면 그대로 달려 보행자를 치어야 할까? 이때의 윤리적 계산법은 사람의 숫자 또는 보행자나 탑승객의 신분 같은 고려사항들에 의해 영향을 받아야 하는 걸까? 자율주행 자

▲ 자율주행 자동차. 운전자, 핸들, 전면 유리도 필요 없기 때문에 자동차 실내를 아주 과감하게 구성할 수 있다.

동차는 자신의 의사 결정에 영향을 주거나 제약하는 윤리적 근거 같은 것을 가지고 있어야 하는 걸까? 그리고 만일 그렇다면 그런 근거는 대체 누가 만들어야 하는 걸까?

바로 이럴 때 아시모프의 로봇 공학 3원칙 등이 현실 세계에서의 시스템 디자이너들에게 지침이 되어줄 수 있을 것이다. 그런 원칙들이 일종의 출발점 역할을 해, 예를 들어 무인 자동차의 경우 자동차 자신의 안전보다 인간의 안전을 더 우선시하게 하되, 인간의 안전을 위협하게 될 인간의 지시에는 따르지 않게 프로그램화할 수 있을 것이다. 원칙이 명확한 지침이 아니라서 자동차가 딜레마에 빠지게 만든다거나 머리 아픈 문제들에 제대로 대처하지 못하게 한다면, 그런 애매한 상황에 대한 아시모프의 SF적 탐구가 현실 세계에서 일종의 로드맵 역할을 해줄 수도 있을 것이다.

오늘날과 확연히 다를 자동차 디자인의 미래

무인 자동차들이 윤리적 관점을 악한 쪽으로 또는 적어도 냉담한 쪽으로 설정할 경우 어떤 일이 일어나게 될까? 이 질문에 대한 답의 단서들은 2017년에 제작된 영화 〈로건Logan〉에서 찾을 수 있다. 암울한 디스토피아적 사회가 된 2029년의 미국이 배경인 이 영화에서는 고속도로를 점령한 자율주행 트럭들이 나오는데, 그 트럭들은 화물 컨테이너를 싣고 보행자나 다른 도로 사용자는 안중에도 없이 매우 빠른 속도로 달려댄다. 말하자면 아시모프의 로봇 공학 3원칙의 우선순위가 지켜지지 않는 미래인 것이다.

영화 〈로건〉에 나오는 자율주행 트럭들을 보면서 우리는 미래의 무인 자동차와 관련해 중요한 사실 하나를 절감하게 된다. 그러니까 자동차 디자인도 미학도 오늘날의 그것들과는 판이하게 다를 수 있다는 것이다. 시야 확보를 중시하고 주요 장치들을 자동차 전면에 배치하는 등 인간 운전자의 편익에 맞춰야 했던 각종 제약이 사라짐으로써 자율주행 자동차들에는 완전히 새로운 디자인을 적용할 수 있게 된다는 것이다. 〈로건〉에 등장하는 자율주행 트럭들이 기능만 중시할 뿐 미적으로는 볼품이 없어 화물 컨테이너용 플랫폼 같아 보이고, 오늘날의 많은 무인 자동차가 바퀴 위에 고급 라운지를 얹어놓은 것처럼 보이는 것이 그 좋은 예이다.

02

잠수함

『해저 2만 리』 노틸러스 호의 바닷속 모험에서
잠수함이 실용화되기까지

쥘 베른은 H. G. 웰스와 함께 SF의 양대 산맥 중 하나를 세운 인물이라 할 수 있다. 흥미진진한 모험들로 가득한 짜릿한 모험담, 첨단 과학 및 기술에 대한 통찰력, 미래 기술의 가능성 및 그 영향들에 대한 예지력 등 SF가 보여줄 수 있는 모든 것과 관련해 일종의 모델을 제시한 것이다.

쥘 베른이 머릿속에서 창조해낸 것들 가운데 가장 유명한 것은 아마 스팀펑크(역사적 배경에 SF나 환상적 요소를 가미한 문학 장르)적 SF물에 꼭 등장하는 잠수함, 바로 노틸러스Nautilus 호일 것이다. 노틸러스 호 자체는 물론 잠수함이 열어젖힌 바닷속 모험의 세계에 대한 쥘 베른의 선견지명은 그 당시 이루어진 잠수함 기술의 발전으로부터 영향을 받은 것으로, 이후 차세대 잠수함 디자이너들에게 지대한 영향을 주게 된다. 그의 소설은 실제 잠수함 출현에 일조하게 되며, 잠수함은 그 다음 전쟁

▲ SF계의 선각자 쥘 베른.

에 참여해 거의 전세를 역전시키는 역할까지 하게 된다. 따라서 그의 소설에 나온 잠수함 노틸러스 호에서 이름을 따온 잠수함이 실전에 배치돼 맹활약을 한 것도 아주 우연의 일치는 아니다. 노틸러스 호의 디자인 및 기술 중 많은 것들이 그만큼 독창적이고 미래지향적이었던 것이다.

슈퍼맨과 슈퍼 악당의 탄생

1870년에 출간한 소설 『해저 2만 리』에서 쥘 베른은 '막연한 공상이 아니라 가까운 미래에 실현 가능한 꿈'이라면서 어떤 배에 대해 설명했다. 아주 꼼꼼하면서도 자세한 설명을 통해 그는 자신이 말하는 배가 모든 면에서 당대의 해양 기술을 훨씬 뛰어넘는 배인 것은 사실이나, 그러면서 동시에 당시의 기술로도 얼마든지

제작 가능한 배라는 뉘앙스를 풍겼다. 그는 마치 이렇게 말하는 듯했다. "뛰어난 예지력과 지혜와 의지 그리고 동원 가능한 자원을 가진 대담한 사람이 한 사람만 있다면 이런 배는 현재의 과학기술만으로도 얼마든지 제작할 수 있다."

베른은 소설에서 노틸러스 호의 주인인 네모 선장을 그런 인물로 제시하고 있으며, 그러면서 SF의 세계에 과학적 측면에서의 전형적인 슈퍼맨을 그리고 있다. 이성과 의지, 기술로 경이로운 일들을 성취하고 불가능해 보이는 야망들을 실현하는 인물 말이다. 슈퍼 영웅이든 슈퍼 악당이든 베른의 슈퍼맨은 이후의 SF 및 판타지에 자주 등장하게 되며, 그 과정에서 슈퍼맨의 최대 라이벌 악당인 렉스 루터, 마블코믹스가 제작한 〈아이언맨Iron man〉의 토니 스타크 같은 인물들이 탄생한다.

『해저 2만 리』에서 베른은 노틸러스 호의 외양에 대해서는 비교적 많은 설명을 하지 않는다. 다만 몇 가지 단서를 통해 그 모양을 짐작할 수 있다. 소설 속 화자인 아로낙스 박사는 이 배를 처음 봤을 때 수면 위로 올라오기 전까지는 거대한 바다 동물인 줄 알았다면서 이렇게 말한다. "소형 구축함에서 약 2.5킬로미터 떨어진 데서 거무스름한 긴 물체가 파도 위 1미터까지 떠올랐는데 … 과학계 전체를 충격에 몰아넣은 이 놀라운 동물, 이 괴물, 이 자연 현상은 인간의 손으로 만든 것으로 … 바닷속으로 다니는 이 배는 내가 보기에는 거대한 강철 물고기 같았다."

이어지는 장에서 네모 선장은 아로낙스 박사에게 호화로운 도서관과 박물관, 바다 생물 표본실까지 완비된 배의 내부를 구경시켜주면서 그 구조 및 작동 방식에 대해 자세히 설명한다. "아주 긴 원통형이고 양 끝은 원뿔 모양입니다. 누가 봐도 시가 모양인데, 이런 배를 만들기 위한 영국의 여러 프로젝트에서 이미 채택됐던 모양이죠. 이 원통은 맨 앞부터 뒤까지의 길이가 정확하게 70미터이고, 폭이 가장

◀ 『해저 2만 리』의 한 장면. 네모 선장이 수면 위로 올라온 노틸러스 호의 상갑판에 서서 육분의를 쓰고 있다.

넓은 곳은 8미터입니다."

이 구조는 전형적인 시가형 잠수함 디자인에 익숙한 오늘날의 독자에겐 지극히 평범해 보일 것이다. 그러나 1870년에만 해도 잠수함이 어떤 모양이 되어야 하는지는 아무도 알지 못했다. 당시 잠수함 관련 연구를 살펴보면 범선과 아주 흡사하게 디자인한 잠수함도 있었고 통통한 원통형의 술통 모양도 있었다. 이로 미루어 베른의 노틸러스 호는 이후 나오게 될 잠수함의 표준이 되었던 것으로 보인다.

전기로 움직이는 경이로운 배

베른은 실제 잠수함이 반드시 갖추어야 할 기술에 대해서도 예견했다. 예를 들어 네모 선장은 수평타(비행기 날개처럼 각도를 조정할 수 있는 꼬리 모양의 장치)와 압축 공기가 든 밸러스트 탱크ballast tank를 이용해 부력 조절을 한다면서 이렇게 말한다. "이 배에는 보조 밸러스트 탱크들이 있어서 100메트릭톤metric ton(1,000킬로그램을 1톤으로 하는 중량 단위)의 물을 담을 수 있습니다. 다시 위로 올라가고 싶을 땐 그 물을 내보내기만 하면 되죠."

이 놀라운 잠수함을 움직이기 위해 네모 선장은 전기를 생성하는 강력한 배터리를 이용한다. 베른이 소설『해저 2만 리』를 쓸 당시에 잠수함 기술 분야에서는 연료와 산소의 공급 및 배출이 제한된 상황에서 어떻게 하면 거대한 배를 움직일 강력한 엔진을 만들 수 있을까 하는 것이 큰 난제 중 하나였다. 그 시대에는 항해에 주로 증기 엔진이 사용되었는데, 증기 엔진은 잠수함에는 적절치 않았다. 그러나 전기는 그때까지만 해도 아직 낯선 에너지원이었던 터라 전기가 실험실 밖에서 널리 쓰이려면 더 기다려야 하는 상황이었다.

▶ 프랑스판『해저 2만 리』에 실린 노틸러스 호의 엔진 삽화.

그러나 베른은 전기가 커다란 배가 필요로 하는 모든 동력을 제공해줄 수 있을 거라고 봤다. 그는 또 전기는 재생 가능한 에너지원이어서 풍부한 바닷속 자원들을 이용해 재충전할 수 있으며, 따라서 굳이 막대한 양의 연료를 싣고 다니거나 연료를 공급받기 위해 번번이 항구를 들락거릴 필요가 없다고 생각했다. 그러니까 전기를 쓸 경우 유해 물질 배출을 최소화하면서 필요한 모든 활동을 할 수 있을 거라고 믿은 것이다.

네모 선장의 설명을 듣고 아로낙스 박사는 이렇게 말한다. "오, 놀랍네요! 정말이지 전기의 힘을 제대로 활용하고 있는 것 같습니다. 확실히 바람과 물과 증기를 대신하겠는데요." 노틸러스 호는 전기를 이용해 각종 모터와 전등과 오븐을 가동했으며, 통신망과 기타 모든 장비에도 전기를 이용했다.

베른은 잠수함 관련 장치 중 스쿠버에 대해서도 예견했다. '아쿠아렁Aqua-Lung(수중 호흡기계)'이라고도 불리는 '스쿠버SCUBA', Self-Contained Underwater Breathing Apparatus(자립식 수중 호흡 장치)는 1940년대에 자크 쿠스토Jacques Cousteau 등에 의해 고안되었으며, 이 장치 덕에 잠수부들은 더 이상 수면 위쪽과 연결하는 장치의 도움을 받을 필요가 없어졌다. 잠수부들이 압축 공기 공급기와 그 압축 공기를 안전하게 감압해 숨 쉴 수 있게 해주는 조절기를 착용하게 된 덕이다. 『해저 2만 리』에서 네모 선장은 조절기까지 완비된 오늘날의 스쿠버와 아주 비슷한 잠수 장치에 대해 설명한다. "무거운 철판으로 만든 이 탱크 속에는 50기압의 압축 공기가 저장됩니다. 군인 배낭처럼 등에 메게 돼 있죠. 그리고 이 상단 부분에 있는 상자에서 공기가 풀무 방식으로 조절되며, 적절한 압력 상태에서만 공기가 공급됩니다."

또 네모 선장과 잠수함 승무원들은 수중 사냥용 압축 공기 소총을 가지고 다니는데, 이 소총은 요즘의 전기충격기와 유사한 전기 충격 총알이 발사된다.

꿈의 잠수함을 현실화한 사람들

노틸러스 호가 미래지향적인 배이기는 했지만 그렇다고 쥘 베른이 잠수함을 처음 생각해낸 것은 아니다. 16세기 초 레오나르도 다빈치는 일종의 '배를 가라앉히는 장치'에 대한 수수께끼 같은 메모와 그림을 남겼는데, 그 배를 잠수정 또는 잠수함이라고 보는 사람들이 많다(잠수정은 수면 위에서 도움을 받아 잠수하는 배, 잠수함은 물속에서 완전히 독립적으로 움직이는 배지만 포괄적으로 말해 둘 다 그냥 잠수함이라고 한다). 그러나 다빈치의 다른 많은 발명품들과 마찬가지로 그의 잠수함 역시 초자연적이고 비현실적인 사변 소설 영역에 속하는 것으로 보이며, 그가 실제 완전히 물속으로 들어갈 수 있는 배를 염두에 두었던 것 같지는 않다.

1578년에는 영국의 수학자 윌리엄 본William Bourne이 물속으로 들어갈 수 있는 배를 디자인했는데, 그 배는 물속에서 떠오르거나 가라앉는 데 부력의 원리를 이용했다.

1620년경 네덜란드의 발명가 코넬리스 드레벨Cornelis Drebbel은 런던에서 최초의 잠수함으로 여겨지는 배를 실연해 보였다. 당시 영국 왕 제임스 1세가 그 배를 타고 템스강 속으로 들어갔으며, 공기 공급 장치를 발명하는 과정에서 드레벨이 산소를 발견했다는 말도 있다. 사실 드레벨의 배는 밑쪽은 뚫려 있고 위쪽은 막혀 있는, 뒤집힌 형태의 배 모양을 하고 있다. 그 배는 양 측면으로 삐져나와 있는 노의 힘으로 움직였으며, 실제로는 완전히 잠수할 수 있었던 것 같지도 않다. 또한 이론적으로는 뱃머리가 아래쪽으로 기울어 있어서 물 밑에서 노를 저어 배를 움직이게 되어 있었다. 제임스 1세가 그 배에 탔다는 것도 분명 잘못 전해진 말인 듯하지만, 드레벨이 공기를 공급하기 위해 초석(질산칼륨)을 가열해 산소를 만들었다는 것은 사실로 보인다. 그러나 그렇다고 해서 그가 산소를 발견했다고는 할 수 없다. 그는 그저 널리 알려져 있는 '숨 쉴 수 있는 공기를 만드는 법'을 실연해 보인 것뿐이다.

제대로 된 잠수함 같은 잠수함을 예견한 최초의 인물은 아마 영국의 성직자이자 자연철학자였던 존 윌킨스John Wilkins일 것이다. 1648년에 쓴 논문 「수학의 마

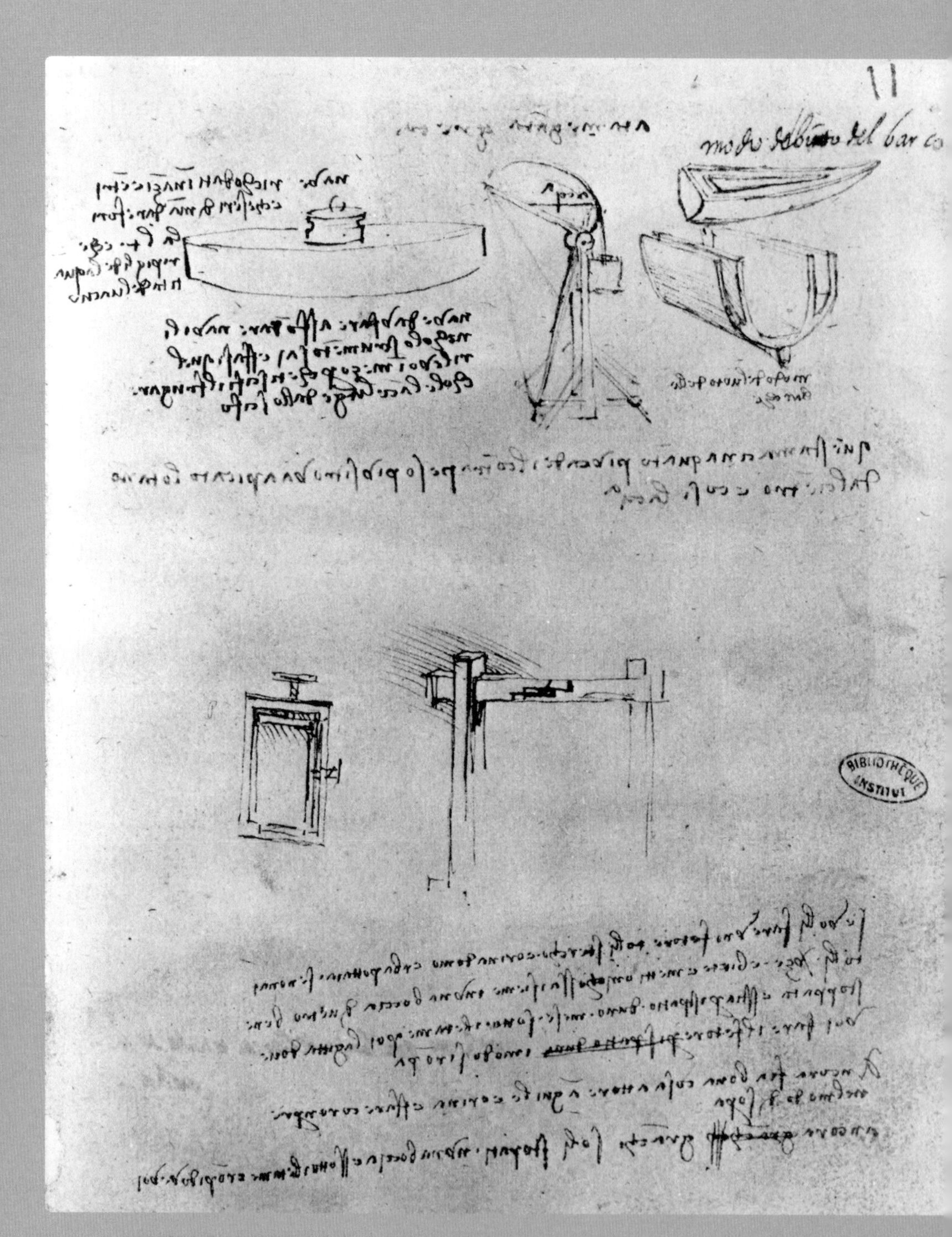

잠수함의 여러 특성들을 보여주는 레오나르도 다빈치의 스케치.

술Mathematical magick」에서 윌킨스는 잠수함에 대해 설명하며 이렇게 장담했다. "이런 배는 이곳 영국에서 이미 코넬리스 드레벨에 의해 실연까지 됐기 때문에 머잖아 반드시 현실화될 것이다." 그는 또 잠수함 집단 거주 구역에 대해서도 상상했는데, 그곳의 아이들은 평생 육지나 하늘을 보지 못한 채 자란다고 했다. 그러면서 윌킨스는 잠수함에 음식이나 쓰레기를 어떤 식으로 전달하고 회수하는지에 대해서도 설명했다.

이후에도 잠수함과 관련된 실험들은 별다른 성공을 거두지 못한 채 계속 이어지다가 18세기 말에 비로소 제대로 된 최초의 잠수함이 모습을 드러내기 시작한다. 1797년 파리에 살던 화가 겸 발명가인 미국인 로버트 풀턴Robert Fulton은 프랑스 당국에 영국과의 전쟁에 자칭 '기계화된 노틸러스 호'를 투입하자고 제안하면서 그 배만 있으면 영국 해군을 괴멸시킬 수 있을 것이라고 주장했다. 마침내 풀턴은 노틸러스 호를 제작했고, 그걸 타고 여러 차례 잠수도 했다. 그러나 군사적인 면에서는 결코 성공을 거두지 못했다.

미국 남북전쟁에서는 남부 연합이 북군의 해상 봉쇄를 뚫기 위해 몇 차례 잠수함 실험을 강행했고, 그 결과 헌리Hunley라는 이름의 잠수함을 만들었다. 1864년 뱃머리에서 길게 뻗은 창끝에 어뢰를 장착한 잠수함 헌리 호가 북군의 후서토닉Housatonic 호를 격침시키는 데 성공하지만, 불행하게도 그 직후 헌리 호 역시 모든 승무원과 함께 침몰하고 만다.

미국인 조선 기사 로스 위난스Ross Winans와 그의 아들 토마스 위난스Thomas Winans가 혁신적이면서도 독특한 디자인의 배를 개발한 것도 그 무렵의 일이다. 이 배는 사실 잠수함이 아니라 물 위로 다니는 일반 배였지만, 쥘 베른의 노틸러스 호에 결정적인 영향을 준 것으로 보인다.

1858년 위난스 부자는 자신들의 '시가형 배들' 중 첫 번째 배를 진수한다. 이 배는 원기둥꼴 모양으로 뱃머리와 선미 끝이 뾰족한 것이 영락없이 돌돌 말린 시가였다. 처음에는 배 중앙에 있는 증기 구동 외륜을 통해 동력을 공급해 배를 조종

할 계획이었으나 이는 아주 비효율적이었고, 그래서 후에 그 계획은 양 끝에 프로펠러를 다는 방식으로 변경되었다. 그런데 이 배의 디자인 중 가장 중요한 요소는 유체 역학적인 선체였다. 위난스 부자는 이렇게 하면 항력이 드라마틱하게 줄어들고 연료 효율이 높아지는 것은 물론 빠른 속도를 자랑하게 될 것이며, 배 외부 전체가 밀봉됨으로써 그 어떤 날씨와 해상 상태에서도 끄떡없을 거라고 믿었다. 그러나 현실에서 이 배는 상하좌우로 흔들리는 걸 제대로 통제하기 어려웠을 뿐 아니라 기대했던 잠재력을 전혀 발휘하지 못했다. 그런데 어쨌든 쥘 베른이 자신의 소설 속에서 '시가형은 영국의 여러 개발 프로젝트에서 이미 채택됐다'고 말한 걸로 보아 그가 이 배들 중 한 척이 런던에 정박해 있는 걸 봤던 듯하다.

치열해진 잠수함 경쟁

19세기 말에 해군으로부터 후원을 받기 위한 쟁탈전이 심해지면서 특히 미국 내 잠수함 디자이너들 간에 경쟁이 치열해졌다. 그 경쟁의 선두에 섰던 이는 오늘날 '잠수함의 아버지'로 칭송받는 조선 기사 사이먼 레이크Simon Lake다.

레이크는 열두 살 때 쥘 베른의 『해저 2만 리』를 읽었고, 거기서 영감을 받아 그 소설에 나오는 놀라운 배를 직접 만들기로 마음먹는다. 그는 미국 뉴저지 주에 레이크잠수함회사를 세우고 아고노트 호Argonaut를 건조했는데, 이 배는 1898년 공해상에서 운항에 성공한 최초의 잠수함이다. 그리고 마침내 버지니아 주 노퍽에서 뉴저지 주 샌디 훅까지의 항해에도 성공한다. 이에 당시 쥘 베른은 프랑스에서 직접 다음과 같은 축전을 보내기도 했다.

"내 책 『해저 2만 리』는 완전히 상상력으로 만들어낸 작품이지만 나는 내가 말한 모든 것들이 실제 일어나는 날이 올 거라고 확신합니다. 볼티모어 잠수함(아고노트 호를 가리킴)이 1,000마일(약 1,600킬로미터)의 항해에 성공한 것이 그 증거입니다. … 다음에 일어날 큰 전쟁은 주로 잠수함들 간의 각축전이 될 것입니다."

이번에도 역시 쥘 베른은 자신의 놀라운 예지력을 입증해 보였다. 제1차 세계

▲ 위난스 부자가 개발한 시가형 배의 진수식 장면을 그린 판화.

대전 직전까지만 해도 고위급 해군 장교 가운데 잠수함전의 개념에 대해 진지하게 생각해본 사람은 거의 없었다. 특히 영국은 잠수함전을 불명예스러운 전투라 여겨 반대했고, 대부분의 해군은 잠수함의 작전 범위는 항구 안쪽이나 그 주변에 국한될 거라고 생각했다.

그러나 잠수함을 잘만 이용하면 해군력이 우세한 적의 해상 봉쇄를 뚫는 데 도움이 된다는 사실(미국 남북전쟁 시 처음으로 그 가능성이 입증됐다) 때문에 잠수함은 곧 전쟁에 절대적으로 필요한 장비로 급부상한다. 영국 해군의 해상 봉쇄로 전쟁 수행 및 식량 조달에 필요한 해상 교역에 타격을 입어 궁지에 몰린 독일은 잠수함전의 잠재력에 사활을 걸었다. 결국 그들은 U보트 잠수함을 앞세워 영국의 전함은 물론

◀ 1900년경, 아고노트 호 제작 장면.

▶ '잠수함의 아버지'로 불리는 조선 기사 사이먼 레이크.

민간 선박도 무차별적으로 공격했고, 그 결과 영국을 거의 고사 직전의 상태로 몰아넣는 데 성공했다. 독일 잠수함은 영국이 새로운 배를 건조하는 것보다 더 빠른 속도로 그 배들을 침몰시켰다. 그러다 미국이 전쟁에 뛰어들고 뒤늦게 호송 전술을 채택하면서 비로소 영국은 독일 U보트의 위협에서 벗어날 수 있었다.

쥘 베른의 노틸러스 호는 이후에도 계속 그 영향력을 행사한다. 실전에 배치된 최초의 핵 추진 잠수함인 미 해군의 USS 노틸러스 호는 북극 만년설 밑을 항해하는 역사적인 위업을 달성함으로써 북극에 도달한 최초의 배가 되었는데, 그 이후에도 계속해서 노틸러스라는 이름의 잠수함이 나타났기 때문이다. 흥미롭게도 쥘 베른의 소설을 토대로 1954년 월트 디즈니 사가 제작한 영화 〈해저 2만 리〉에는 가상의 핵 추진 잠수함 노틸러스 호가 등장했는데, 공교롭게도 바로 그해에 미 해군의 노틸러스 호가 진수되었다.

쥘 베른의 『해저 2만 리』는 오늘날까지도 그 영향력을 미치고 있어 잠수함 디자인은 여전히 노틸러스 호의 모습에서 크게 벗어나지 않고 있고, 심해 탐사 또한 계속 이어지고 있다. 예를 들어 영화감독 제임스 카메론James Cameron은 2012년 미래 지향적인 심해 잠수정 딥씨 챌린저Deepsea Challenger 호를 개발해 그걸 타고 직접 지구상에서 가장 깊은 심해까지 내려갔는데, 이런 모험들에는 네모 선장과 노틸러스

▼ 월트 디즈니 사에서 제작한 영화 〈해저 2만 리〉에 나오는 노틸러스 호.

호의 영향력이 절대적으로 작용했을 것으로 보인다.

카메론 감독의 잠수정은 베른의 노틸러스 호와는 아주 다르지만, 둘 사이에는 공통점도 많다. 둘 다 선견지명을 가진 무뚝뚝한 성격의 돈 많은 사람들이 만들었고, 둘 다 전기로 움직이며, 혁신적인 기술이 적용됐다. 그리고 둘 다 심해 탐사의 한계를 극복했다.

▼ 1958년 뉴욕 브루클린교 아래를 지나고 있는 미국의 핵 추진 잠수함 노틸러스 호.

03

달을 향한 꿈

쥘 베른의 달 로켓부터
인류가 대기권을 뚫고 나가기까지

지구 밖 우주 공간이 SF의 영역인 것은 자연스러운 일로, 특히 달은 여러 초창기 SF 소설들의 목적지였다.

독일의 천문학자이자 수학자인 요하네스 케플러Johannes Kepler가 1608년에 쓴 소설 『꿈Somnium』은 종종 최초의 SF로 불린다. 달 방문에 대한 이야기를 다루고 있는 이 소설에서 지구에서 달까지의 여행은 초자연적인 존재들의 도움을 받아 이루어지지만, 케플러는 이 책에서 태양계와 궤도 역학 같은 첨단과학 이야기들도 다룬다. 그야말로 '과학 소설'을 다룬 것이다.

프랑스 군인이자 작가인 시라노 드 베르주라크Cyrano de Bergerac는 『다른 세계들: 달과 태양의 국가와 제국의 코믹한 역사Other worlds: The comical history of the states and empires of the Moon and Sun』라는 풍자 소설을 썼는데, 이 소설은 그가 죽고 난 뒤인

1657년에 출간됐다. 이 소설의 주인공은 가속도를 내는 과정에서 보조 추진 로켓들이 떨어져나가는 바람에 의도치 않게 로켓을 타고 달까지 가게 된다.

달을 향해서

미국의 작가 에드거 앨런 포Edgar Allan Poe가 1835년에 쓴 소설 「한스 팔의 환상 여행The unparalleled adventure of one Hans Pfaall」에서는 공기 공급에 대해 걱정하는 장면이 나온다. 이 때문에 포가 우주 공간이 진공 상태라는 걸 알고 있었던 게 아닌가 싶지만, 19세기 중반까지만 해도 달을 향해 로켓을 발사하는 이야기를 쓰는 작가들은 지구 밖 우주 공간이 진공 상태라는 사실을 알지 못했다.

포의 이 이야기는 쥘 베른에게 지대한 영향을 주었으며, 쥘 베른이 1865년에 발표한 소설 『지구에서 달까지From the Earth to the Moon』는 '달 로켓 발사를 다룬 SF물의 할아버지'쯤으로 여겨진다. 이 소설과 1870년에 나온 속편 『달 주변에서Around the Moon』는 달까지 가는 발사체를 쏘아대는 거대한 대포 콜럼비아드 제작에 관한 계획을 다룬다. 세 남자가 달에 착륙할 목적으로 그 발사체를 타고 여행에 나서는데, 한 소행성에 가까이 다가가는 바람에 코스에서 이탈해 달 궤도만 돌게 된다. 그들은 결국 로켓 추진력을 이용해 다시 지구로 돌아와 태평양에 떨어지게 된다. 이 이야기의 일부는 설득력이 떨어지고 일부는 사실과 다르기도 하지만, 베른은 이런 저런 힘들을 계산하고 뛰어난 선견지명으로 많은 것을 예견하는(물론 그중 일부는 우연의 일치였겠지만) 등 가능한 한 과학적 사실에 입각해 이야기를 쓰려고 애썼다.

베른의 통찰력이 가장 빛을 발한 부분은 아마도 지구의 중력에서 벗어나는 것이 물리적으로 아주 힘든 일인지를 제대로 간파한 것이리라. 비록 중력에서 벗어나는 데 필요한 힘을 과소평가하기는 했지만 그는 적어도 그 힘을 계산하려고 했으며, 중력에서 벗어나려면 엄청난 속도가 필요하다는 걸 정확하게 예견했다. 베른은 달까지 갈 유인 로켓을 중력보다 빠른 속도로 쏴 올리는 데 깊이 270미터, 너비 18미터의 화살 모양을 한 거대한 대포를 사용했다. 그러나 그가 상상한 대포는 실

LES VOYAGES EXTRAORDINAIRES

DE LA TERRE A LA LUNE

TRAJET DIRECT

EN 97 HEURES 20 MINUTES

PAR

JULES VERNE

41 *Dessins et une Carte par De Montaut*

BIBLIOTHÈQUE

D'ÉDUCATION ET DE RÉCRÉATION

J. HETZEL ET Cie, 18, RUE JACOB

PARIS

Tous droits réservés.

▲ 1865년에 발표된 쥘 베른의 소설 『지구에서 달까지』의 프랑스판 속표지.

▼ 『지구에서 달까지』에서 달에 갔다 돌아온 로켓이 태평양 해상에 떨어져 있는 장면.

제로는 아마 더 길었어야 했을 것이며, 여행자들이 경험하게 될 극심한 가속도(또는 관성력) 문제를 개선하기 위해 이야기를 계속 만들어냈지만, 현실적으로는 그런 상황에서 인간이 살아남을 방법은 없을 것이다. 그럼에도 불구하고 베른이 정확하게 예견한 일들은 놀라울 정도로 많다.

우선 그는 미국이 달에 로켓을 쏘아 올리는 데 성공하는 최초의 나라가 될 거라는 걸 정확하게 맞췄다. 그리고 소설에서는 달 로켓 발사를 놓고 텍사스 주와 플로리다 주가 경쟁을 벌이는데, 훗날 실제로도 그 두 주 사이에 발사장 유치 경쟁이 벌어지게 되며, 나사NASA(미국 항공우주국)는 결국 우주선 발사대는 플로리다 주에 세우고 우주 비행 관제 센터는 텍사스 주 휴스턴에 둔다. 또한 베른의 달 로켓은 실제 아폴로 우주선이 발사된 케이프커내버럴 근처에서 발사됐으며, 베른의 달 발사체는 그 모양이 실제의 아폴로 우주선 캡슐 및 보조 우주선과 약간 비슷했다. 그리고 소설에서도 현실에서도 달 우주선에는 세 사람이 탑승했으며, 우주선에는 지구 귀환 시 속도를 줄여 안전하게 착륙할 수 있게 역추진 로켓을 장착했다.

베른은 우주의 진공 상태에 대비해 로켓 전체를 밀봉하고 산소 발생 등을 위해 화학물질들을 이용했으며 자신의 달 로켓에 생명 유지 장치를 추가했다. 그는 또 우주비행사들이 무중력 상태를 경험하게 될 거라는 걸 예견했으며(무중력 상태는 지구의 중력과 달의 중력이 서로 정확하게 상쇄되는 지점에서만 겪게 될 거라고 잘못 예견하기는 했지만), 지구의 중력권 안에 끌려 들어온 소행성들도 스스로 중력을 발휘할 거라는 것도 예견했다.

또한 그의 우주비행사들은 달 궤도를 돌면서 아침저녁으로 급격한 기온차를 경험하게 되며, 달 상공에서 달 표면을 내려다보면서 생명체가 있다는 기존의 학설과 달리 실은 아무것도 살지 않는 황량한 풍경을 목격하게 된다. 그리고 실제로 아폴로 11호 비행사들이 그랬듯이 베른의 우주비행사들 역시 지구로 귀환하면서 태평양 해상으로 떨어지게 되는데, 놀랍게도 소설과 실제 장소가 거의 비슷했다.

달에 대한 베른의 설명은 매우 신중하고 정확해 H. G. 웰스의 1901년 소설 『달에 도착한 최초의 인간The first men in the Moon』과 매우 대조된다. 웰스 역시 우주 공간의 진공 상태와 무중력 상태를 설명했지만, 자신의 여행자들을 달까지 보내는 데 실재하지 않는 판타지 장치(카보라이트라는 가상의 반중력 물질)에 의존했다. 그리고 그는 달에 대기와 생태계가 존재하는 것으로 설정했으며, 또한 그런 달을 곤충처럼 생긴 외계인들이 지배하게 했다. 쥘 베른은 그런 H. G. 웰스를 향해 너무 판타지 같은 데 의존한다고 평했다.

▶ 『달에 도착한 최초의 인간』에서는 우주비행사들이 심해 잠수복 같은 우주복을 입고 있다.

◀ H. G. 웰스의 소설 『달에 도착한 최초의 인간』 프랑스판 표지. 달에 사는 곤충형 외계인이 표지를 장식하고 있다.

▶ '로켓과 우주 항행술의 아버지'로 불리는 러시아 과학자 콘스탄틴 치올콥스키.

대기권의 한계를 뚫다

베른과 웰스가 달 이야기를 만들어내고 있던 바로 그 무렵, 러시아 과학자 콘스탄틴 치올콥스키Konstantin Tsiolkovsky는 현실적인 달 로켓 발사 이야기를 다룬 최초의 SF를 쓰고 있었다. 치올콥스키는 1903년 논문 「제트 장치들을 이용한 우주 탐사The probing of space by means of jet devices」를 비롯해 로켓 추진 우주선과 관련된 과학 논문을 다수 썼으며, 1916년에는 보다 젊은 독자들을 위한 소설 『지구 밖Vne Zemli』을 썼다. 그의 이런 글들을 통해 우주로 나가는 최선의 방법은 다단계 로켓을 이용하는 것이라는 그의 메시지가 널리 알려지게 된다.

▲ 달 탐사를 다룬 치올콥스키의 책 표지. 이 책에서는 사람들이 아직 우주 공간에 어울리지 않는 작업복을 착용하고 있다.

로켓은 한 방향을 향한 추진력을 만들어내기 위해 그 반대 방향으로 물질을 분출하며 날아가는 일종의 미사일이다. 대개 이는 연료를 연소시켜 고온, 고압의 팽창 가스를 만들어냄으로써 이루어지며, 로켓은 그러한 가스를 노즐을 통해 하단으로 분사하면서 위로 솟아오르게 된다. 로켓의 장점은 장시간에 걸쳐 가속할 수 있어 계속 속도를 올릴 수 있으며, 자체적으로 연료를 싣고 날기 때문에 연료를 연소할수록 점점 가벼워져 더 빨리 날 수 있다는 것이다.

앞서 시라노 드 베르주라크의 소설에서 달 여행을 위해 로켓 장치를 이용한다고 소개했는데, 영국의 작가 존 먼로John Munro가 1897년에 쓴 『금성 여행A trip to Venus』에서도 행성 간 여행에 로켓 추진력을 이용한다는 얘기가 나온다.

1911년에 이르러 로켓 과학의 선구자인 로버트 고더드Robert Goddard는 SF에서 영감을 얻어 액체 연료 로켓 실험을 시작한다. 치올콥스키의 소설에는 로켓을 개발하기 위한 국제적인 엔지니어링 프로그램 얘기가 나오며, 궤도를 따라 도는 우주 거주지들을 건설하고 그것을 발판 삼아 태양계를 탐험하고 식민지화한다고 예견한다. 치올콥스키 추모비에는 이런 문구가 새겨져 있다. “인류는 언제까지나 지구에만 머물지는 않을 것이다. 빛과 우주를 탐험하다 결국 대기권의 한계를 뚫고 나갈 것이며, 처음에는 조심스럽게 한 발자국씩 나아가겠지만 결국에는 태양계 전체를 정복할 것이다.”

제1차 세계대전부터 제2차 세계대전까지의 시기는 로켓 공학 및 우주 비행을 둘러싸고 과학과 SF가 서로 시너지 효과를 내던 때였다. 당시 소련에서는 치올콥스키가 이끄는 일련의 사람들이 로켓에 대한 그의 아이디어들을 보다 더 발전시켰고, 독일에서는 헤르만 오베르트Hermann Oberth, 막스 발리어Max Valier 그리고 후에는 빌리 레이Willy Ley와 베르너 폰 브라운 같은 우주 비행의 선구자들이 팀을 이뤄 로켓 공학과 우주 비행을 뒷받침할 아이디어들을 개발해냈다. 이들은 SF 분야에도 크게 기여해 자신들의 꿈을 키워나간 것은 물론 다른 사람들로 하여금 그 대열에 합류하게 했다.

예를 들어 오스트리아 출신의 엔지니어 막스 발리어는 1928년 소설 「대담한 화성 여행A daring trip to Mars」에서 행성 간 로켓 여행에 대해 기술적으로 아주 자세하게 설명했다. 그는 1930년에 액체 연료 로켓 폭발 사고를 당해 사망해 로켓 연구를 하다 세상을 떠난 첫 번째 인물이 되었다. 1928년에는 헤르만 오베르트가 영화감독 프리츠 랑Fritz Lang의 기술 자문으로 고용되어 첨단 SF 영화 〈달의 여인Woman in the Moon〉에 쓸 로켓을 제작한다. 이 기념비적인 영화는 이른바 '우주복 영화'라는 SF 하위 장르에 속하는 첫 번째 영화였다. 프리츠 랑은 과학적 사실에 충실한 영화를 만들려고 애썼고, 그 결과 이 영화는 진공 상태의 우주 공간에서 살아남으려면 우주복을 입어야 한다는 사실을 보여준 첫 영화가 되었다. 이 영화는 우주 로켓 공학의 미래에 직접적인 영향을 주었으며, 특히 영화에서 로켓 발사 전에 카운트다운을 하는 장면은 이후 실제 우주 로켓 발사 과정에서 그대로 재현되고 있다.

달 탐사의 시작

제2차 세계대전이 터지자 연합군과 독일 모두 미사일 개발에 열을 올리면서 로켓 연구는 활기를 띠기 시작한다. 특히 미국에서는 SF 분야가 황금기를 맞았는데, 젊은 SF 작가 로버트 A. 하인라인Robert A. Heinlein의 1947년 소설 『우주선 갈릴레오Rocket ship Galileo』에서는 독일 나치와 싸우기 위해 10대 청소년들이 로켓을 만들어 달까지 날려 보낸다. 그로부터 3년 후 하인라인은 이 소설에서 환상적인 요소를 빼버리는 등 재작업을 거쳐 〈데스티네이션 문Destination Moon〉이라는 영화 대본을 만드는데, 달 로켓 발사 프로그램의 과학적인 측면들을 생생히 보여주었다. 로켓 발사 시 엄청난 중력으로 인해 우주비행사들의 얼굴이 뒤틀리는 장면은 물론 우주복

▶ 땡땡의 모험담을 그린 만화책 『달 탐험 계획』의 표지.

★

OBJECTIF LUNE

CASTERMAN

과 우주를 유영하는 장면 등이 나온 이 영화는 당시 흥행에 크게 성공했다.

하인라인의 영화 〈데스티네이션 문〉은 벨기에 만화 작가 에르제Herge(본명 조르주 프로스페 레미Georges Prosper Remi)에게 많은 영향을 주었는데, 스토리는 물론 제목에서도 그 영향력을 엿볼 수 있다. 그는 『달 탐험 계획Objectif Lune』이라는 만화를 연재 · 출간했는데, 이 만화책에서는 달 로켓 발사 프로그램의 여러 장면들이 놀라울 정도로 정확하게 묘사되었다. 이 이야기에서 젊은 기자 땡땡tintin은 친구인 캘큘러스 박사가 디자인한 핵 추진 로켓에 우주비행사로 탑승해달라는 요청을 받아들인다.

에르제는 전문가들의 조언도 듣고 스스로 많은 연구도 해 기술적으로 세세한 부분들까지 아주 정교하게 묘사했으며, 그의 이야기와 그림에는 미래에 대한 정확한 예견들이 담겼다. 로켓 자체는 최초의 대륙간탄도미사일로, 전후 미국의 로켓 개발의 토대가 되기도 한 독일 V-2 로켓을 모델로 삼았다. 로켓은 빨간색과 흰색이 뒤섞인 독특한 체크무늬인데, 이는 나사의 로켓 테스트 프로그램에서 사용한 색 배합을 그대로 따온 것으로, 이렇게 색 배합을 한 것은 로켓이 발사될 때의 움직임과 회전 등을 잘 관찰하기 위해서였다.

또 로켓 발사대는 미국 뉴멕시코 주 화이트 샌즈 로켓 시험 기지에서 사용한 것을 그대로 모방했다. 만화에서는 원자력발전소 내의 원자로를 놀랄 만큼 정확하게 묘사하고 있는데, 이는 미국 테네시 주 오크라이드에 있는 원자력발전소를 모델로 삼았다. 우주비행사들이 입고 있는 쭈글쭈글 주름 잡힌 우주복은 그 당시의 실제 우주복을 참고했으며, 로켓 발사 순간 느끼게 되는 엄청난 중력을 견디기 위해 우주비행사들이 누워 있는 독특한 모양의 인체공학적인 침대 역시 그 당시의 실제 우주비행사용 침대를 참고한 것이다. 곧이어 나온 만화책 『달나라에 간 땡땡

▶ 아폴로 11호가 케이프커내버럴에서 발사되고 있다.

▲ 텍사스 주 휴스턴의 아폴로 10호 미션 통제실.

Explorers on the Moon』에서는 땡땡과 그 친구들이 조그만 로켓을 이용해 우주선을 회전시키고 역추진 엔진을 가동시켜 부드럽게 달에 착륙한다. 달은 공기가 없고 먼지와 바위로 덮여 있으며 여기저기 분화구가 널린 흑백 황무지로 묘사되었는데, 이는 훗날 아폴로 우주비행사들이 실제 목격하게 될 풍경과 아주 흡사했다. 달 탐사자들은 월면차(달의 표면을 다닐 수 있도록 만든 차)를 이용해 달이 얼음으로 덮여 있다는 것을 알게 되는데, 이는 당시만 해도 논란이 많았으나 1960년대에 들어서면서 사실로 확인되었다.

과학의 미래 비전을 제시한 SF 소설

그러니까 단도직입적으로 말해 SF 소설이 달 로켓 발사 프로그램에 미친 영향은 어느 정도일까? 인류 최초로 달 표면을 밟은 아폴로 프로젝트에 관여한 엔지니어와 과학자는 많은 경우 우주 비행에 대해 다룬 SF 소설들에서 영감을 받아 그 분야에 종사하게 되었으며, 그들이 야심찬 목표를 추구하는 데도 SF가 많은 영향을 미쳤다. 보다 구체적으로 콘스탄틴 치올콥스키와 막스 발리어 같은 로켓 과학자들은 직접 SF 소설을 써서 로켓 공학과 우주 비행에 필요한 과학적 토대를 제공했고, 이는 이 분야의 발전에 지대한 영향을 끼쳤다. 그로 인해 하인라인과 에르제의 소설처럼 후에 나온 로켓을 타고 달을 탐험하는 내용의 소설들은 달 로켓 발사와 관련된 과학적 사실 측면에서 공통점이 많고 출처도 동일하다.

이처럼 과학적인 사실과 SF가 서로 영향을 주고받은 흥미로운 현상은 1950년대에 미국 항공우주 및 엔지니어링 기업들이 채택한 신규 인력 채용 전략, 그러니까 막 시작된 우주 개발 경쟁에 필요한 인재들을 뽑기 위한 기업들의 마케팅 전략에서도 그대로 나타났다. 기록 보관 전문가 메간 프리링거Megan Prelinger에 의하면 이를 증명하듯 당시의 많은 기업들은 엔지니어와 과학 전공자의 관심을 끌기 위해 SF적 이야기를 많이 활용했다고 한다.

그러나 프리링거는 이처럼 SF가 과학에 미친 영향이 실은 우주 탐사를 하는 데 장애 요인이 됐을 수도 있다고 주장했다. 그 이유는 사람들로 하여금 비현실적인 희망과 실현 불가능한 비전을 갖게 해 막상 현실에 직면하면 실망과 환멸을 느끼게 되기 때문이라고 한다. 그러면서 그녀는 이렇게 말했다. "SF 소설들에서는 지상을 무대로 우주 식민지 건설이 당장에라도 실현될 듯 지나치게 현실을 앞서갔는데, 실제로 그런 모델을 구현하는 것이 쉬운 일은 아니지 않은가!"

반면 오늘날 SF 소설계에서는 이런 불만이 터져 나오고 있다. 현재 우주 개발 프로그램은 '달 먼지' 모델에서 한발도 앞으로 나아가지 못하고 있으며(말하자면 인류에게 영감을 주는 우주 탐사보다는 먼지 풀풀 나는 달과 관련된 따분한 과학에 더 매몰되어 있는 데다가 프리링거의 말처럼 '과학자들의 과학을 위한 우주'와 '탐사자들의 탐사를 위한 우주'가 분리되어 있다), 우주 개발 프로그램이 군사와 산업계의 이해관계라는 추잡한 측면 때문에 제대로 발전하지 못하고 있다고 말이다. 현재 SF 분야에서는 미국 SF 작가 닐 스티븐슨Neal Stephenson이 이끄는 이른바 '상형문자 프로젝트' 같은 운동도 벌이고 있는데, 이 운동은 영감을 주는 SF 소설들을 만들어냄으로써 SF와 과학이 다시 서로 상승효과를 일으키는 SF 소설의 새로운 황금시대를 열자는 데 그 목적이 있다. 이런 맥락에서 SF 소설이 실제 아폴로 프로젝트에 미친 영향을 설명하자면, 수없이 쏟아져 나온 SF 소설들이 과학적 사실의 진로를 정해주는 역할을 한 것으로 이해된다. 이는 우주 비행 분야의 선구자인 베르너 폰 브라운의 의견이기도 하다. 그는 이렇게 주장했다. "행성 간 우주 비행을 다룬 SF는 미래에 대한 비전으로, 현실 과학에 강력한 추진력이 되어준다."

▶ 달 표면에 서 있는 버즈 올드린. 올드린의 우주복 헬멧에 닐 암스트롱의 모습이 비치고 있다.

04

화성으로의 여행

『프로젝트 화성』의 지배자 일론이
스페이스X의 일론 머스크에게

우리에게 달만큼이나 친숙한 화성은 오랫동안 많은 작가와 몽상가의 상상력을 자극해왔으며, SF의 세계에 적어도 판타지 장르의 SF와 과학에 근거한 SF라는 두 가지의 구체적인 하위 장르를 만들어냈다.

그러나 SF 소설들 중에서도 특히 주목할 만한 소설, 그러니까 베르너 폰 브라운의 1949년 저서 『프로젝트 화성: 기술적인 이야기Project Mars: A technical tale』는 행성 간 여행의 세세한 부분들을 기술적으로 정확하게 설명하고 있는 데다 '일론Elon'이라는 이름을 가진 화성 지배자가 등장하는 등 머잖아 현실화될 미래를 놀랄 만큼 정확하게 예견한 소설로 여겨지고 있다.

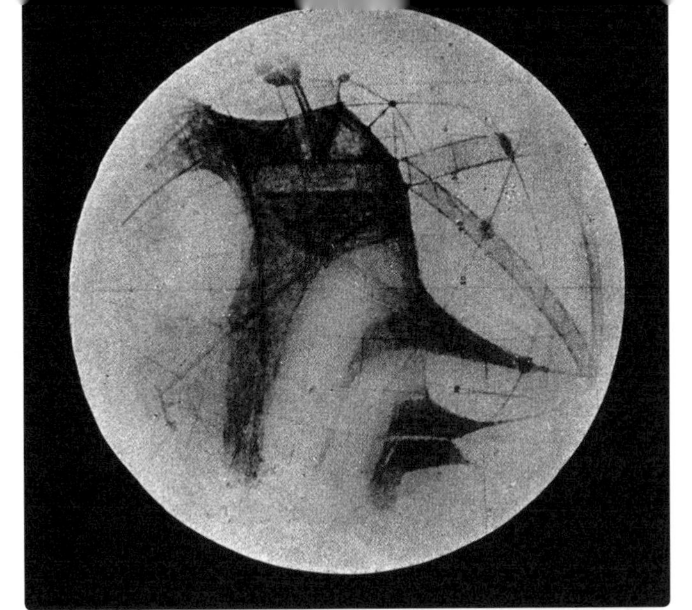

퍼시벌 로웰이 그린 화성 표면 그림 중의 하나. 행성 규모의 운하망이 보인다.

파리 근교 자신의 천문대에서 운하를 관찰하고 있는 까미유 플라마리옹.

화성의 생명체에 대한 의문

1877년 이탈리아의 천문학자 조반니 스키아파렐리Giovanni Schiaparelli는 최신식 고성능 망원경으로 화성을 관찰해 화제의 주인공이 되었다. 당시 이 일이 특히 많은 관심을 끌게 된 것은 그가 화성 표면의 특징들(나중에 이 특징들은 화성 표면의 모습을 영상으로 옮기는 과정에서 이미지가 훼손되며 생긴 흔적이라는 것이 밝혀졌다)을 설명하면서 '카날리canali'라는 말을 썼기 때문이다. 이 말은 '채널channel'이라는 말로, 사실은 그 의미가 비교적 불분명하다. 그런데 그 말이 영어로 번역되는 과정에서 '운하canal'로 표현되었고, 그러면서 화성에서 뭔가 지적인 문명, 말하자면 큰 규모의 공사가 진행되었던 흔적이라는 믿음이 확산되었다. 화성 운하에 대한 믿음은 특히 프랑스의 까미유 플라마리옹Camille Flammarion과 미국의 퍼시벌 로웰Percival Lowell 같은 천문학자의 연구에 의해 더 확산되었다. 로웰은 애리조나 주 플래그스태프에 자신의 천문대를 짓고 1894년부터 화성의 운하들을 자세히 관찰하기 시작했다. 이후 20년 동안 그는 『화성Mars』(1895), 『화성과 그 운하들Mars and its canals』(1906), 『생명체의 거주지 화성Mars as the abode of life』(1908) 같은 책들을 통해 그 운하들은 극지방으로부터 대규모로 물을 끌어와 척박한 화성 표면에 물을 대려 했던 문명의 흔적이라고 주장했다. 이처럼 화성 표면을 지구 표면처럼 만들려는 시도는 이후 나올 화성 관련 SF 소설들에서 즐겨 다루는 주제가 된다.

화성에는 지구처럼 대기가 있어서 생명체가 살 수 있을 뿐 아니라 실제 지적인 생명체들과 높은 수준의 고대 문명이 존재했었다는 전문가들의 견해에 힘입어 SF 작가들은 그 풍부한 화성의 토양 위에 씨를 뿌리듯 각자의 아이디어를 뿌렸다. 그 가운데 가장 대표적인 것은 H. G. 웰스의 1897년 소설 『우주 전쟁The war of the worlds』으로, 이 소설에서는 기술적으로 우월한 화성인들이 죽어가는 자신들의 행성을 버리고 지구를 식민지화하려고 한다. 피폐해져 다 죽어가는 화성 문명의 이미지는 1960년대까지 계속 SF 소설 속에 머물게 된다.

까미유 플라마리옹에게서 직접 영감을 받은 미국의 모험가이자 SF 작가 에드

▼ 전설적인 SF 작가 에드거 라이스 버로스.

▲ 에드거 라이스 버로스의 '바숨' 시리즈 첫 작품인 『화성의 공주』 표지.

거 라이스 버로스Edgar Rice Burroughs는 1912년 「화성의 달들 아래서Under the Moons of Mars」를 필두로 화성과 관련된 엄청나게 영향력 있는 시리즈물 '바숨Barsoom'을 내놓기 시작하며, 1917년에는 이 시리즈물을 모아 『화성의 공주A princess of Mars』라는 제목으로 소설을 발표한다. 버로스의 이 소설에서는 미국 남북전쟁 참전 용사인 존 카터가 화성(바숨)으로 보내지는데, 그곳에서 그는 팔이 여러 개 달린 기이한 괴물들과 악랄한 악당들 그리고 아름다운 공주들이 살고 있는 환상적인 세계를 발견한다. 또한 화성의 약한 중력 때문에 카터는 초인적인 힘을 갖게 되며, 그 태곳적 행성과 타락한 제국들을 돌아다니며 파란만장한 모험을 하게 된다. 버로스는 이후 30여 년간 10여 권의 '바숨' 시리즈를 더 쓴다.

판타지를 넘어 과학에 근거한 여행으로

H. G. 웰스는 쥘 베른의 소설에 나오는 콜럼비아드와 별로 다르지 않은 거대한 대포를 이용해 화성인들을 지구로 보냈지만, 버로스는 행성 간 이동이라는 중요한 이야기를 과학적으로 설명할 수 없는 초자연적인 현상으로 대충 얼버무리며 넘어갔다. 그러나 버로스식 판타지 소설 속에도 기술적으로 보다 현실적이고 세밀한 접근 방식은 존재했다. 예를 들어 1895년에 나온 찰스 딕슨Charles Dixon의 과학 로맨스 소설 『시속 1,500마일1,500 miles an hour』에 대해 『스펙테이터Spectator』라는 영국의 잡지는 "진지한 이야기다. 화성 여행 같은 이야기치고는 정말 진지하다"라고 평했다.

이 소설은 화성인들이 헤르만이라고 하는 박사가 설계하고 제작한 우주선을 타고 여행하는 이야기인데, 헤르만 박사는 자신의 우주선에 대해 이렇게 설명한다. "전기로 움직이며 어느 방향으로든 날아갈 수 있고, 시속 1,500마일(시속 약 2,414킬로미터)이라는 엄청난 속도를 자랑한다." 행성 간 우주 공간에 희박한 대기가 존재한다고 믿고 있었던 찰스 딕슨의 우주선은 그래서 프로펠러를 사용한다. 이 소설에서는 또 아주 초창기의 우주 유영 장면도 나온다.

존 먼로의 소설『금성 여행』에는 행성 간 우주여행 프로그램에 대해 비교적 자세하게 대화를 나누는 장면이 나온다. 그 대화에 따르면, 우주선은 로켓으로 추진력도 얻고 방향도 조종해 다른 행성까지 날아간다. 또한 이 소설에는 전자기의 힘으로 발사체의 가속도를 올리는 장치(우리가 알고 있는 오늘날의 '레일건railgun'과 비슷한)에 대한 설명도 자세히 나온다. 그러니까 우주선 뒤쪽으로 발사체들을 쏘아 그 반동으로 추진력을 만들어낸다는 것이다. 놀랍게도 이는 원자 규모의 발사체를 이용해 추진력을 만들어내는 오늘날의 이온 엔진의 기본 원리와 같다.

20세기 초에 들어와 로버트 고더드, 콘스탄틴 치올콥스키, 헤르만 오베르트 같은 로켓 과학자들의 활약으로 로켓 과학 및 기술이 발전하면서 화성 관련 SF 소설들에서도 비현실적인 판타지적 요소가 줄어들게 된다. 예를 들어 독일 로켓 과학자 막스 발리어의 「대담한 화성 여행」의 경우, 연료 부족으로 인해 우주비행사들이 화성에 착륙하지 못한 채 그 붉은 행성의 궤도를 따라 돌기만 하는 모습 등을 보여주면서 달과 화성으로의 여행이 얼마나 위험한 일인지 현실감 있게 묘사하고 있다. 에드거 라이스 버로스가 「금성의 카슨 네이피어Carson Napier of Venus」를 연재할 때쯤에는 행성 간 우주 비행과 관련해 현실적이고 과학적인 정보가 많아져 버로스의 주인공이 탄 우주선은 이제 행성 비행, 중력에 따라 비행 코스와 속도를 조정하며, 2단 추진 로켓으로 여행하다가 낙하산을 펴면서 화성에 착륙한다.

프로젝트 화성

가장 선각자적인 화성 관련 저서를 꼽으라면 미국 우주 프로그램을 진두지휘한 베르너 폰 브라운이 1948년에 쓴 저서를 꼽을 수 있을 것이다. 폰 브라운은 제2차 세계대전 당시 나치의 V-2 로켓 프로그램 개발을 이끌었다. 그러나 전쟁이 끝난 뒤 그 유명한 '페이퍼클립 작전Operation Paperclip(제2차 세계대전 이후 미국이 패전한 독일의 과학자 총 642명을 미국으로 데려가 당시 독일의 최첨단 과학기술을 연구케 한 비밀 작전)'을 통해 그와 그의 많은 동료들은 미국으로 넘어갔고, 그 과정에서 그들의 많은 연구 결과 및 관련 자료 역시 대부분 미국 수중으로 들어갔다. 미국으로 이주하면서 '완전한' 미국인이 된 폰 브라운은 미국의 군사-산업 프로젝트를 이끄는 핵심 인물이 됐으며, 먼저 달에 도달하려는 소련과의 로켓 개발 경쟁에서 이기기 위해 범국가적인 로켓 개발 프로젝트를 추진하면서 국민을 상대로 한 홍보에도 열을 올렸다. 그는 월트 디즈니 사와 손잡고 인기 텔레비전 프로그램들을 통해 과학과 공학기술의 복음을 전파하면서 미국 어린이들에게 친근한 인물이 되는 등 나치주의자에서

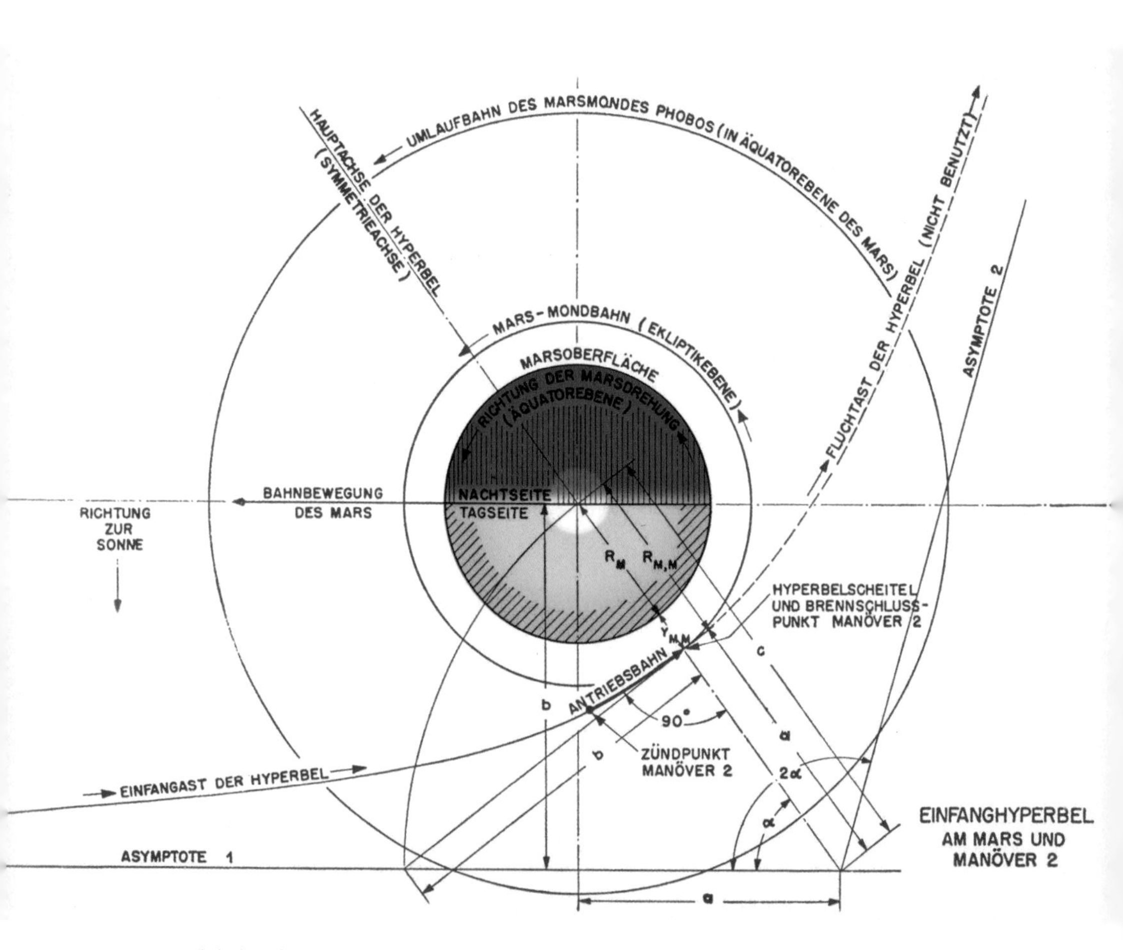

▲ 로켓의 이동 궤도를 보여주는 도해.

미국에 없어서는 안 될 보물로 재포장되었다.

이 모든 일들이 있기 전인 1948년, 미 육군에서 실시한 V-2 로켓 실험 프로그램을 마친 폰 브라운은 텍사스 주와 뉴멕시코 주 경계에 있는 한 미군 기지에서 오랜만에 한가한 시간을 갖게 됐고, 그래서 그는 그 시간에 행성 간 우주 비행에 대한 자신의 웅대한 비전을 설명할 글을 쓰기로 마음먹었다. 그는 사람들이 그 많은 전문용어와 수학적 계산을 좀 더 쉽게 이해할 수 있게 글을 이렇게 쓰려 했다고 한다.

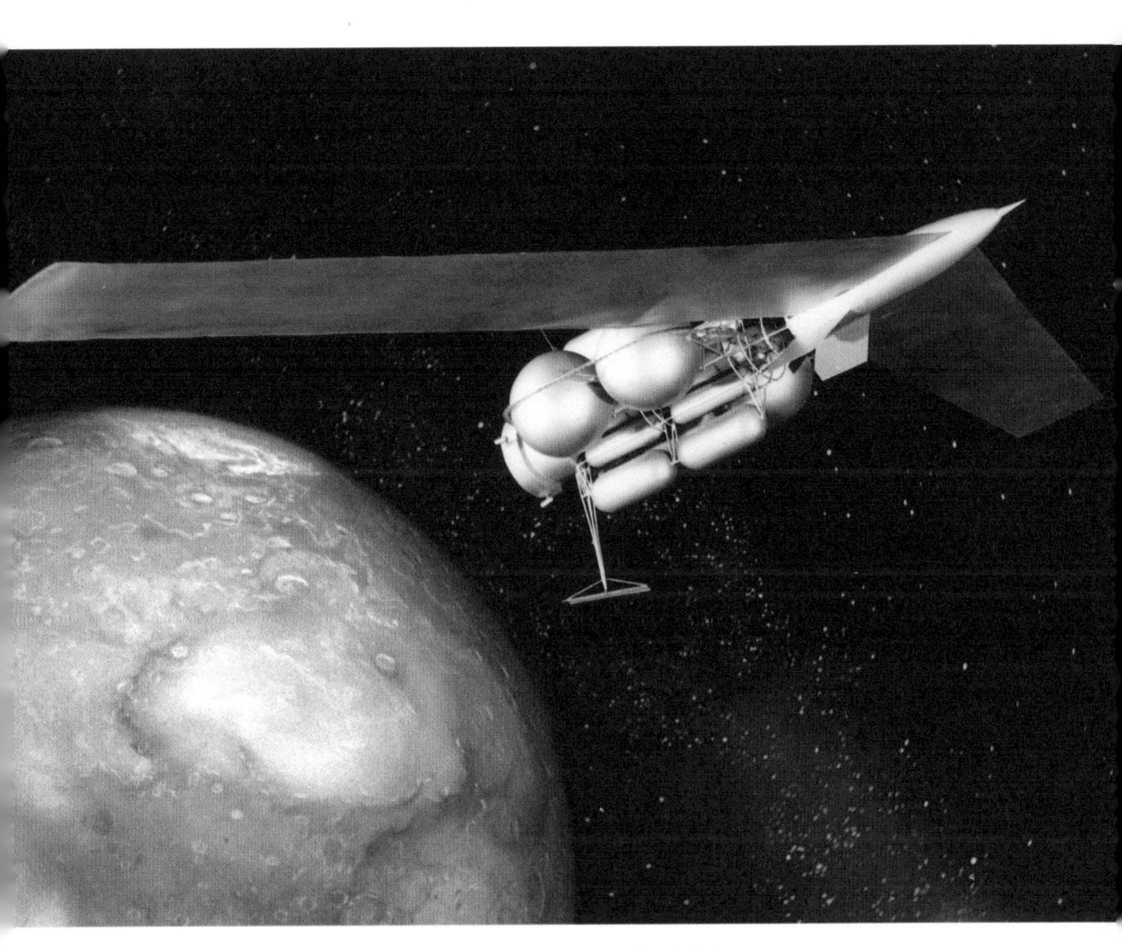

▲ 거대한 연료탱크가 눈에 띄는 폰 브라운의 화성 탐사 우주선의 콘셉트 디자인.

"허세를 부리지 않고 이야기를 쉽게 풀어가기로 했다. 그러니까 논문에서 이런 문제를 자세히 다루다보면 자칫 건조하고 지루해지기 쉬운데, 그런 걸 피하자는 것이었다."

그렇게 해서 나온 책이 바로 『프로젝트 화성: 기술적인 이야기』인데, 이 책은 집필은 1949년에 끝났지만 그로부터 여러 해가 지난 뒤에야 출간되었다. 폰 브라운은 1950년대에 일련의 글을 써서 이 책의 요지를 되풀이해서 밝혔으며, 1953년에는 수정보완판 형태로 독일어판을 출간했고, 1962년에는 미국에서 영어판을 재출간했다.

이 책의 원서에서 베르너 폰 브라운은 제2차 세계대전 이후 수립된 세계정부에 의해 1980년대에 수행되는 범세계적인 화성 탐사 프로그램을 아주 자세하게 기술하고 있다.

폰 브라운의 화성 탐사 계획은 70명의 우주비행사를 열 대의 거대한 우주선에 나눠 태워 보낸 뒤 화성 궤도에 진입시키는 것이었다. 이 우주선 선단에는 화성을 탐사하고 우주선으로 복귀하는 데 필요한 물자와 연료를 싣고, 탐사를 마치면 그중 일곱 대는 다시 지구로 귀환한다는 계획이었다. 우주선의 크기는 화성 탐사에 필요한 연료와 기타 보급품 등을 감안해 고안했으며, 폰 브라운은 3단 발사체를 활용해 지구 궤도로 로켓을 950회 정도 쏘아 올릴 계획을 세웠다. 이 3단 발사체는 모두 회수 및 재사용이 가능한데 1, 2단 추진 로켓은 낙하산을 이용해 지상으로 착륙하게 되고, 일종의 우주왕복선인 최상단은 활공하며 활주로에 착륙할 수 있다. 추진 로켓은 회수해 신속하게 재생 · 재조립한 후 바로 다시 발사할 수 있으며, 이를 통해 상당한 비용 절감 효과도 누릴 수 있다. 이러한 방식으로 수천 톤의 물자를 지구 궤도로 올려 보낸 후, 거기에서 화성 탐사를 위한 우주선들을 조립하고 화물을 적재하게 된다.

이런 계획은 여러 면에서 오늘날의 유인 화성 탐사 계획과 일치하며, 특히 첨단기술 기업을 경영하는 일론 머스크Elon Musk의 화성 탐사 계획과 아주 흡사하다. 일론 머스크의 스페이스X 사는 너무나 유명하고 큰 성공을 거둔 민간 우주 항공 개발업체로, 이 기업은 현재 우주 항공 분야에 일대 혁명을 일으키고 있으며, 재활용할 수 있는 로켓의 비중을 늘림으로써 우주 비행 비용을 획기적으로 낮추고 있다. 특히 스페이스X 사의 재활용 로켓 '펠컨 헤비'는 무거운 화물을 지구 궤도까지 싣고 올라갈 목적으로 제작된 다중 부스터 로켓으로, 주요 추진 로켓 부분은 자력으로 착륙이 가능하며, 단 며칠 만에 다시 발사할 수도 있다.

일론 머스크의 말에 따르면 그가 스페이스X 사를 설립한 것은 우주 비행 기술을 발전시켜 유인 화성 탐사를 할 수 있게 하기 위해서라고 한다. 그의 계획은 폰 브라운의 계획과 마찬가지로 많은 물자를 비교적 저렴한 비용으로 지구 궤도까지 쏘아 올릴 수 있는 튼튼하면서도 재활용 가능한 로켓들을 개발하는 것이다. 그래서 스페이스X 사는 지금 사람을 실어 나를 수 있는 '스타십' 2단 로켓과 그 뒤를 받쳐줄 초대형 1단 로켓 '슈퍼 헤비' 개발에 박차를 가하고 있다. 이 로켓들은 적은 비용으로 단기에 여러 차례 발사할 수 있는 쪽으로 개발 중인데, 그렇게 해야 많은 물자를 지구 궤도까지 쏘아 올리고 거기에서 우주선을 제작하고 연료를 공급해 화성까지 날아가 착륙까지 할 수 있다는 것이다.

폰 브라운의 『프로젝트 화성』과 스페이스X 프로젝트 사이에서 특히 흥미로운 점은 『프로젝트 화성』에서 탐사자들이 화성에 도착해 보니 그곳의 지배자 이름이 일론이었다는 것이다. 일론 머스크가 『프로젝트 화성』을 읽었는지 알 수 없으나, 한 가지 분명한 것은 야심만만한 그의 화성 로켓 발사 프로그램이 폰 브라운의 비전으로부터 많은 영향을 받았다는 것이다.

▲ 스페이스X 사의 설립자 일론 머스크.

◀ 2018년 초에 쏘아올려진 스페이스X 사의 펠컨 헤비 로켓.

PART 2

군사 & 무기

05

원자폭탄

H. G. 웰스가 만들어낸 판타지,
가공할 무기로 살아나다

원자폭탄 실험은 1945년 7월 16일 정점을 찍었다. '맨해튼 프로젝트'의 일환으로 미국 뉴멕시코 주 사막에서 원자폭탄 실험을 한 것인데, 인류 역사상 가장 큰 규모로 공동의 노력을 기울인 프로젝트 중 하나로 여겨지는 맨해튼 프로젝트는 하나의 뚜렷한 목적을 위해 세계 최강대국인 미국이 지적 · 물리적 · 군사적 · 경제적 힘을 총동원했던 사건이다. 그런데 이렇게 어마어마한 프로젝트에 쏟아부은 엄청난 노력과 비용은 이미 한 SF 소설에서 예견된 바 있다. 맨해튼 프로젝트를 통해 SF 작가 H. G. 웰스가 만들어낸 판타지가 32년 만에 현실화된 것이다.

소설 『해방된 세계: 인류의 이야기The world set free: A story of mankind』에서 웰스는 갑자기 '과학이 세상에 내놓게 될 원자폭탄'에 대해 이야기한다. 웰스는 대체 무엇으로부터 영감을 받아 과학이 30년 뒤에나 만들어내게 될 원자폭탄을 예견했고,

또 그의 예견은 원자폭탄이 실제로 출현하는 데 어떤 영향을 주었을까?

최후의 심판의 날

사실 H. G. 웰스는 원자에너지가 전례 없이 파괴적인 무기로 사용될 가능성이 많다는 것을 생각해낸 최초의 소설가는 아니다. 1895년 아일랜드 저널리스트 겸 사변 소설 작가인 로버트 크로미Robert Cromie가 『최후의 심판의 날The crack of doom』이라는 소설을 발표했는데, 그 소설에서 브랜드라고 하는 한 미친 선동가가 '이 지구라는 거대한 원자 창고 안에 갇혀 있는 방대한 양의 일명 에테르 에너지를 이용해' 지구는 물론 어쩌면 태양계 전체까지 날려버릴 계획을 세운다. 소설의 한 부분에서 브랜드는 이런 말을 한다. "이 미량의 에너지 물질에는 거의 3킬로미터 이상 떨어진 데까지 10만 톤의 파괴력을 미칠 에너지가 들어 있다." 그러나 브랜드의 사악한 계획은 그의 폭탄 제조 공식이 소설의 주인공에 의해 변경되면서 좌절되고, 이후 그 폭탄이 폭발하면서 브랜드가 기지로 삼았던 섬만 파괴되고 만다. 그런데 놀랍게도 남태평양에 위치한 그 섬은 훗날 미국과 영국, 프랑스의 핵융합폭탄, 즉 수소폭탄 실험으로 심한 홍역을 치른 섬들과 매우 비슷하다.

크로미의 소설 『최후의 심판의 날』은 방사능이 발견되기 전에 쓰인 것으로, 방사능은 그로부터 1년 후 프랑스 물리학자 앙리 베크렐Henri Becquerel이 우라늄염에서 일종의 방사능이 나와 사진 건판을 뽀얗게 만든다는 걸 알게 되면서 발견된다. 마리 퀴리Marie Curie와 피에르 퀴리Pierre Curie 부부가 이 방사능의 출처는 화학물질이 아니라 원자 물질이라는 사실을 밝혀낸 것은 그로부터 다시 2년이 더 지나서의 일이다.

그밖에도 새로운 원자물리학이 태동하고 있다는 조짐은 또 있었다. 우선 『최후의 심판의 날』이 발간된 바로 그해에 빌헬름 콘라드 뢴트겐Wilhelm Conrad Rontgen에 의해 X선이 발견되었다. X선 발견 당시 뢴트겐은 전기회로의 음극으로부터 광선을 만들어내는 물리학자 윌리엄 크룩스William Crookes의 장치를 사용했다. 이 음극선은 아원자 입자들로 이루어져 있을 것이라는 추측이 많았지만, 그것이 입증된 것은 1897년의 일이다. 따라서 크로미는 그 당시 물리학 분야의 사고 흐름에서 영감을 받은 것으로 보인다. 그는 또 신비주의적 색채가 강한 신지학이라는 사이비 과학의 영향도 받았다. 그가 즐겨 쓴 '에테르 에너지' 같은 용어는 그렇게 해서 나온 것이다.

그 누구도 아직 본 적 없는 무기의 출현

H. G. 웰스는 19세기 말에 발견된 이 방사능에 남다른 관심을 갖고 보다 확고한 과학적 관점에서 글을 썼다. 그의 소설 『해방된 세계』는 1913년 12월부터 잡지에 연재됐던 글로 이듬해에 책으로 출간됐는데, 이 소설에서는 1958년에 일어난 참혹한 세계대전과 그 후 조직된 세계정부에 대해 자세히 적고 있다. 이 전쟁이 그토록 파괴적이고 또 세계 정치에 충격적인 영향을 주는 이유는 핵무기, 즉 그 누구도 아직 본 적 없고 무한정 계속 폭발하는 원자폭탄을 사용하기 때문이다. 그리고 이 폭탄은 그 무엇으로도 억제할 수 없는 맹렬한 방사능 에너지를 방출하는 '카롤리눔carolinum'에서 그 힘이 나온다.

웰스가 『해방된 세계』를 쓴 것은 알베르트 아인슈타인Albert Einstein의 그 유명한 1905년 논문 「물체의 관성은 에너지 함량에 의존하는가?」가 나오고 거의 10년이 지난 후의 일이다. 아인슈타인은 그 논문을 통해 '$E=mc^2$'이라는 등식과 함께 질량과 에너지의 등가성이라는 개념을 세상에 내놓았다. 이는 질량과 에너지는 동전의 양면과 같다는 의미이다. 즉, 질량이 고도로 집중된 에너지 형태를 띠면서 질량과 에너지가 서로 전환 가능해진다는 것이다. 아인슈타인의 $E=mc^2$에서 E는 에너지, m은 질량, c는 진공 상태에서 빛의 속도를 가리킨다. 후자 즉, mc^2은 그 크기가 엄청나기 때문에 이 등식은 작은 질량도 엄청난 에너지로 전환될 수 있다는 것을 보여준다.

웰스는 원자폭탄의 설계와 작동 원리에 대해 다음과 같이 모호하면서도 자세한 설명을 한다.

> 연합군이 사용한 폭탄은 순수한 '카롤리눔' 덩어리들로, 바깥쪽이 비산화성 '사이도네이터 인듀시브'로 칠해진 채 '멤브라니움' 케이스 안에 밀봉되어 있었다. 폭탄을 들 때 사용하는 손잡이들 사이에 있는 셀룰로이드는 쉽게 뜯어내 공기가 인듀시브로 들어갈 수 있게 되어 있었고, 그 순간 바로 폭탄이 작동돼 공 모양의 카롤리눔 바깥층에서 방사능 활동이 시작되게 된다. 그 결과 인듀시브가 활동을 시작하면 몇 분 후 폭탄 전체가 끊임없이 폭발하게 된다.

웰스는 대부분 자신이 만들어낸 용어들을 써서 한 원자의 방사성 붕괴가 다른 원자들의 방사성 붕괴로 이어지는 원자폭탄의 원리에 대해 설명했다. 이런 핵 연쇄반응에 관한 그의 발상은 SF를 넘어 원자폭탄을 실제로 만드는 데 상당히 많은 영감을 주었다.

전쟁보다 더 중요한 발견

『해방된 세계』가 발간되고 채 몇 개월도 안 돼 '모든 전쟁을 끝장낸 전쟁', 즉 제1차 세계대전이 발발해 전 세계를 뒤흔들면서 웰스의 예견 중 일부는 이미 현실화되었다. 그리고 전쟁이 절정을 향해 치닫는 동안에도 원자 과학에 대한 연구는 계속되었다.

원자핵물리학 분야의 선두주자는 뉴질랜드 태생의 물리학자 어니스트 러더퍼드Ernest Rutherford였다. 1909년에 러더퍼드가 이끌던 연구팀은 베일에 싸여 있던 원자의 구조를 밝혀냈다. 원자는 무겁고 촘촘한 양전하 원자핵 하나와 그것을 둘러싼 음전하 전자들로 이루어져 있다는 것을 밝혀낸 것이다. 1918년에 이르러 러더퍼드의 연구는 엄청난 가능성들을 만들어내기 시작한다. 한 위원회 모임에 늦었던 일로 질책을 받으면서 러더퍼드는 이렇게 말했다. "목소리를 낮춰 주십시오. 저는

지금 원자가 인위적으로 쪼개질 수 있다는 걸 보여주는 실험들에 몰두하고 있습니다. 이게 사실이라면, 이건 정말 전쟁보다 훨씬 더 중요한 일입니다."

러더퍼드의 발견이 전쟁보다 얼마나 더 중요했는지는 1932년에 와서 분명해지기 시작했다. 1932년 케임브리지대학교 캐번디시연구소에 있던 러더퍼드의 연구소 연구원 존 코크로프트John Cockcroft와 어니스트 월튼Ernest Walton이 세계 최초로 원자를 쪼갰던 것이다. 이들은 새로운 입자가속기를 이용해 리튬 원자에 양성자를 발사해 원소를 변형시키고 에너지를 방출하는 데 성공했다.

당시 『뉴욕타임스』는 이런 기사를 내보냈다. "과학자들이 최근 일련의 실험을

◀ 원자력을 향한 인류의 첫걸음을 내디뎠던 러더퍼드의 연구실.

통해 물질의 가장 안쪽에 있는 요새인 원자핵이 깨지면 엄청난 에너지를 방출할 수 있다는 결정적인 증거를 찾아냈다.”

그러나 대부분의 과학자들은 그리 과장하지도 흥분하지도 않았다. 그들의 생각은 “우리는 지금 원자력을 상업적으로 이용할 만큼 그것을 통제할 수 없으며, 내 생각에는 앞으로도 영영 그럴 수 없을 것 같다. … 그 문제에 대한 우리의 관심은 순전히 과학적 측면에 머물고 있다”라는 러더퍼드의 말에 잘 요약되어 있었다. 이 무렵 과학자들 사이에 퍼져 있던 공통된 의견은 원자핵의 내부 결속력은 워낙 강해서 상당량의 에너지를 얻기 위해서는 그 결속력을 깨야 하는데, 그럴 방법은 없다는 것이었다.

그러나 H. G. 웰스의 소설 『해방된 세계』에서 영감을 얻은

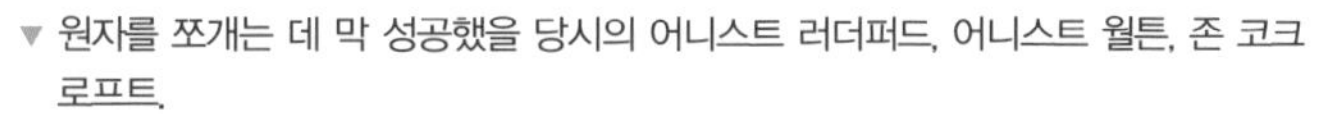

▼ 원자를 쪼개는 데 막 성공했을 당시의 어니스트 러더퍼드, 어니스트 월튼, 존 코크로프트.

헝가리 출신 물리학자 레오 실라르드Leo Szilard의 생각은 조금 달랐다. 그는『해방된 세계』에서 핵 연쇄반응에 대해 묘사한 부분을 읽고, 캐번디시연구소에서 이루어진 러더퍼드 연구팀의 발견에 대해 보다 많은 생각을 했다. 1932년에는 영국 물리학자 제임스 채드윅James Chadwick이 러더퍼드가 예견했던 아원자 입자인 중성자의 존재를 발견하기도 했다. 중성자는 양성자와 달리 전하가 없으며, 그래서 음전하 상태인 원자핵에 다가가 그 안으로 들어갈 수가 있다. 레오 실라르드는 원자의 중성자와 원자핵이 충돌하면 엄청난 에너지가 나온다는 것을 알아냈다. 그리고 그는 대규모의 중성자를 방출할 수 있다면 폭발적인 에너지를 이끌어낼 수 있다는 것을 이론적으로 입증해보였다. 1933년 10월, 그는 이렇게 적었다. "중성자 하나를 삼킬 때 두 개의 중성자를 방출하는 원소가 발견되기만 한다면 실제로 핵 연쇄반응을 일으킬 수도 있다."

전쟁사뿐 아니라 역사까지 바꾼 한 장의 편지

그러나 그 당시에는 실라르드가 말한 현상이 실제 일어날 수 있는지 명확하지 않았고, 그래서 그의 주장은 별 관심을 끌지 못했다. 그러다가 1938년에 후속 연구 결과들이 나오면서 상황은 급변하게 된다. 중성자들로 우라늄 원자를 쐈더니 뜻밖에도 훨씬 더 가벼운 두 개의 원소로 변해버린 것이다. 독일 과학자 리제 마이트너Lise Meitner와 그의 조카 오토 프리시Otto Frisch가 우라늄 원자핵은 중성자들을 흡수하면서 파괴되며, 그 결과 아메바처럼 분열을 통해 둘로 쪼개진다는 사실을 알아낸 것이다. 1939년에 두 사람은 핵분열에 대한 논문을 발표하면서 핵분열 시 엄청난 에너지가 발산된다는 점을 강조했다. 그러나 더 중요한 문제는 핵분열을 일으켜 방출된 중성자가 연쇄반응을 일으켜 다른 원자핵을 때리게 된다는 점이었다. 이러한 현상을 응용해 무기를 만들 수 있다는 사실을 알아챈 사람은 바로 실라르드였다.

이 무렵 실라르드는 나치에 의해 유럽에서 축출돼 미국으로 망명한 후 콜롬비아대학교에 머물게 됐고, 거기에서 연구를 통해 핵분열 결과 중성자 연쇄반응이 일어날 수 있다는 것을 입증했다. 그는 자신의 발견이 얼마나 중대한지 잘 알고 있었고, 그래서 동료 연구원들에게 연구 결과에 대해 절대 비밀을 유지해야 한다고 경고했다.

이즈음 실라르드처럼 망명길에 올랐던 많은 핵 과학자들이 SF 소설에 등장하기 시작했다. 영국 SF 작가 에릭 앰블러Eric Ambler가 1936년 발표한 소설 『어두운 국경The dark frontier』에는 치명적인 원자폭탄 제조 비법을 가지고 다니는 한 핵 과학자가 나온다. 그러다 그 과학자가 나치에 의해 추방되면서 그의 원자폭탄 제조 비법이 적의 손에 들어가는 걸 막으려는 움직임이 일어난다. 앰블러는 소설에서 원자폭탄 자체에 대한 묘사에는 별로 공을 들이지 않았지만, 이 소설의 줄거리는 SF 소설에 나오는 슈퍼 무기들이 과학적 현실이 될 수 있다는 우려가 점점 커져가고 있다는 사실을 잘 보여주었다. 그리고 웰스에게서 영감을 받은 실라르드의 예견을 통해 그런 우려가 현실화되기 시작하면서 원자폭탄 제조법이 적의 손에 들어가는 데 대한 불안감 또한 커지기 시작했다.

1939년 실라르드를 비롯한 여러 과학자들은 아인슈타인을 설득해 미국의 루즈벨트 대통령에게 편지를 쓰게 한다. 루즈벨트 대통령에게 원자폭탄의 출현 가능성과 그 분야에서 나치가 먼저 연구 성과를 낼 위험성에 대해 일깨워주려 한 것이다. 당시 대통령 고문이었던 금융업자 알렉산더 삭스Alexander Sachs가 직접 편지를 전달했는데, 그는 '만일 이랬다면 역사가 바뀌었을지도 모른다'는 짧은 일화를 들려주면서 먼저 대통령의 관심을 끌었다. 나폴레옹이 증기선 함대를 만들자는 한 과학자의 제안을 거부함으로써 전쟁사뿐만 아니라 역사까지 바꿀 수 있었던 제안을 거절했다는 내용이었다. 아마도 그것은 알렉산더 삭스가 지어낸 이야기였겠지만, 그 이야기는 제대로 먹혔고 루즈벨트 대통령은 알렉산더 삭스의 이야기와 아인슈타인의 편지를 접한 후 '당장 조치가 필요하다!'고 말했다고 한다.

아인슈타인이 루즈벨트 대통령에게 쓴 편지는 이렇게 시작한다.

각하,

최근 엔리코 페르미, 레오 실라르드가 주고받은 연구 필사본들을 살펴본 결과 저는 우라늄을 원료로 새롭고 중요한 에너지원이 머지않아 사용될 것이라고 예측하게 되었습니다. 예의주시해야 할 급박한 상황 전개로 인해 필요할 경우 미국 정부의 신속한 행동이 요청됩니다. 따라서 저는 다음의 사실과 요청 사항을 미합중국 대통령께 전달하여야 할 의무가 있다고 생각합니다.

프랑스 퀴리 부부의 연구뿐 아니라 미국의 페르미와 실라르드가 진행한 지난 넉 달 동안의 연구를 통해 막대한 양의 우라늄에서 매우 거대한 힘과 라듐 같은 새로운 원소를 대량으로 발생시키는 핵 연쇄반응을 컨트롤할 수 있다는 것이 확실해졌습니다. 이는 머지않아 곧 실현될 가능성이 높습니다.

이 새로운 현상을 이용해 폭탄을 제조할 수 있습니다. 이렇게 하여 만들어질 새로운 형태의 폭탄은 가장 작은 질량을 가지고 있어도 극도로 강력한 파괴력을 가지게 될 것입니다. 이런 폭탄을 한 개라도 배에 실어 폭파시킨다면 배가 있던 항구는 물론 인근 지역 모두를 일순간에 날려버릴 수 있을 것입니다. …

그렇게 해서 1940년 7월 '우라늄 프로젝트'라는 이름으로 원자폭탄 개발 프로젝트가 시작됐으며, 1942년 말 과학자 엔리코 페르미Enrico Fermi의 진두지휘 아래 시카고대학교 축구장 야외 관람석 밑에 최초의 원자로가 건설되게 된다.

엔리코 페르미의 원자로는 여러 우라늄 동위원소들을 차곡차곡 쌓아올린 '더미' 형태를 띠었다. 동위원소란 한 원소의 변형들로, 원자핵 구성이 서로 다른 원소들을 일컫는데, 어떤 동위원소들은 훨씬 더 불안정해 다른 동위원소들에 비해 방사능 활동이 더 강하다. 우라늄 프로젝트에서는 이미 우라늄 동위원소들로 폭탄을 만들기로 결정했고, 그래서 적어도 2킬로그램의 우라늄 동위원소 U-235를 끌어

모아야 했는데, 이 동위원소는 자연적으로 발생하는 우라늄의 7퍼센트에 지나지 않는다. 원자폭탄 제조에 필요한 U-235를 분리해 정제하려면 산업 차원에서 엄청난 노력이 필요했고, 따라서 1942년에는 그것이 원자폭탄 개발 프로젝트의 주요 목표들 중 하나가 되었다(이제 원자폭탄 개발 프로젝트는 '맨해튼 프로젝트'로 이름이 바뀌었다). 그래서 테네시 주 오크리지와 워싱턴 주 핸퍼드의 넓은 지역에 우라늄 광석을 농축하고 플루토늄으로 변환하기 위한 원자로와 공장을 건설하고 수천 명의 과학자와 노동자를 채용했다. 그리고 한편으로는 이 같은 대규모 프로젝트를 비밀로 유지하는 데 따르는 여러 문제 및 정보 누설과 관련된 우려의 목소리가 높아졌다.

"쉿! 절대 비밀이야"

맨해튼 프로젝트 같은 대형 프로젝트에 관한 비밀 유지와 다른 여러 지역의 안보를 위해 미국은 미국 언론을 상대로 한 전시 관례 규정을 발표하는 등 광범위한 검열 제도를 제정했다. 당시의 검열 규정에는 '비밀리에 진행되거나 새로운 군사무기 또는 실험에 대해서는 아무것도 보도하지 말라'는 요청이 들어 있었다. 그리고 1943년 검열 당국이 편집자 및 방송인에게 보내는 지침에는 "이 강도 높은 예방책을 확대함에 있어 … 원자 파괴, 원자에너지, 원자 분열, 원자 쪼개기 등에 대해서는 그 어떤 정보도 발표하지 말 것을 요청한다"라고 되어 있었다. 또한 당시의 검열 지침에는 우라늄, 토륨, 중수소 외에 앞서 언급되지 않은 수많은 방사능 물질들의 이름이 들어 있었다.

검열 지침에서 거론한 용어들을 보면 그 당시 이미 원자에너지와 관련된 개념이 널리 통용되고 있었다는 것을 알 수 있다. 실제로 H. G. 웰스의 『해방된 세계』 이후 원자무기를 비롯한 원자에너지는 SF 소설들에서 여러 차례 소개되었다. 예를 들어 1930년에 출간된 찰스 W. 디핀Charles W. Diffin의 「힘과 영광The power and the glory」에서는 토륨이 무기화될 수 있는 원자력의 원천으로 명시됐으며, 해럴드 니콜슨Harold Nicolson의 1932년 소설 『퍼블릭 페이시스Public faces』에서는 원자폭탄 발명

▲ 최초로 원자력이 발생한 페르미의 더미.

을 둘러싼 정치와 외교 관련 이야기가 다루어졌다. 도널드 원드레이Donald Wandrei의 1934년 「거상Colossus」에서는 일본이 전쟁을 빨리 끝내기 위해 적들에게 '전혀 새로운 가공할 만한 폭탄'을 투하할 거라고 위협하는 등 현실과는 정반대되는 예언자적 비유가 나왔다.

원자에너지와 원자무기는 미국 SF 잡지 『어스타운딩Astounding』의 편집자 존 W. 캠벨John W. Campbell이 특히 좋아한 주제였는데, 캠벨은 물리학 학위 소지자로 SF 분야에서 과학을 아주 중시하던 인물이었다. 그가 처음 발표한 「원자들이 실패할 때When the atoms failed」에서는 질량을 에너지로 바꾸는 이야기가 나왔다. 이 잡지는 1938년에 『어스타운딩 사이언스 픽션』으로 제목을 바꾸었고, 1940년대 초에는 그의 지지와 전문가적인 조언에 힘입어 원자에너지 및 원자무기에 관한 이야기가 시리즈로 소개되었다. 로버트 A. 하인라인의 1940년 소설 「폭발이 일어나다Blowups

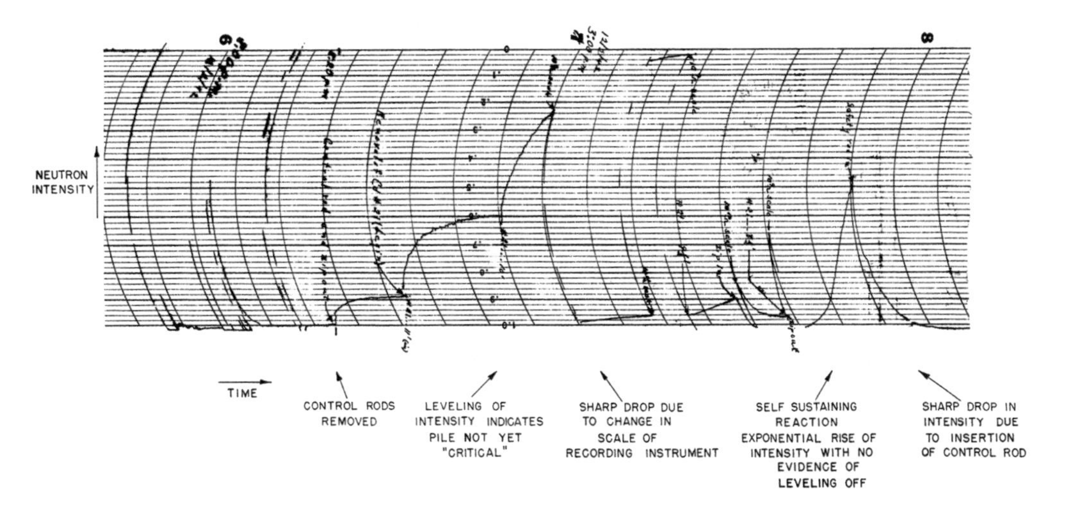

▲ 페르미의 '더미'가 첫 가동되던 역사적인 순간, 핵분열 강도를 측정하는 과정에서의 중성자 방출 기록.

happen」는 원자력의 위험성을 다루었고, 그가 1941년 앤슨 맥도널드Anson MacDonald라는 이름으로 발표한 「불만족스러운 해결책Solution unsatisfactory」에서는 방사능 무기에 대한 우려를 그리고 있는데, 몇몇 구절들에서는 그의 놀라운 예지력이 돋보였다. 예를 들어 소설 속 한 등장인물은 이런 말을 한다. "우리 연구팀은 U-235를 통제 가능한 폭탄으로 만들 방법을 찾아왔는데 … 우리는 지금 그 자체가 완전한 공습인 폭탄을 꿈꾸고 있습니다. 단 한 번의 폭발로 산업 중심지 전체를 초토화시키는 폭탄 말입니다." 거기서 한 걸음 더 나아가 하인라인은 그런 폭탄의 적절한 운반체로 대륙간탄도미사일까지 예견했다.

이 SF는 소설인가, 세계 종말에 대한 경고인가?

원자폭탄에 관한 이야기 중 가장 많이 알려진 것은 클리브 카트밀Cleve Cartmill의

1944년 단편소설 「데드라인Deadline」에서 나왔는데, 이 이야기는 워낙 큰 인기를 얻어 그야말로 역사상 가장 위대한 전설 중 하나가 되었다. 캠벨이 소재와 세부적인 내용을 제공한 이 소설은 핵폭탄을 만들려는 외계인들에 관한 이야기로, 핵분열성 우라늄 동위원소를 분리하고 정제하는 문제에 특히 많은 관심을 쏟고 있다. 소설에서 화자는 이렇게 말한다. "그들은 새로운 동위원소 분리법을 이용해 우라늄석에서 U-235 동위원소를 뽑고 있으며 … 통제 가능한 U-235 폭탄을 가지고 단 하룻밤 새에 전쟁을 끝낼 수 있다."

미국 뉴멕시코 주 로스앨러모스의 극비 연구 시설에 격리된 채 맨해튼 프로젝트에 참여 중이었던 몇몇 핵 과학자들은 SF 잡지 『어스타운딩 사이언스 픽션』에 실린 이 소설을 읽고 경악을 금치 못했다. 그들은 맨해튼 프로젝트가 철저히 베일에 싸여 있다고 믿고 있었는데, 카트밀의 소설에 나온 실제 폭탄에 대한 세세한 설명은 비록 부정확하기는 했지만 맨해튼 프로젝트가 직면한 가장 중요한 기술적 난제가 동위원소 분리에 관한 것이라는 것을 섬뜩하리만큼 정확하게 알고 있는 것 같았기 때문이다. 그리고 이 이야기는 곧바로 보안요원들의 귀에도 들어갔다.

이후 방첩부대 요원들이 캠벨의 사무실로 찾아와 「데드라인」에 대해 이것저것 캐물었는데, 캠벨은 오히려 그런 일들을 즐기는 듯했다. 방첩부대 요원들은 카트밀이 어떻게 극비 정보를 손에 넣게 됐는지 물었다. 캠벨은 「데드라인」의 모든 기술적인 내용들은 이미 잘 알려진 과학 저널 같은 데서 그 정보를 얻었으며, 거기에 자신이 가지고 있는 전문 지식을 가미한 것이라고 주장했다. 카트밀은 일종의 대필자로, 캠벨의 이야기를 세세하게 다듬는 역할을 한 것뿐이었다. 보안요원들은 캠벨의 이야기를 듣느라 그의 사무실 벽 게시판에 꽂혀 있는 지도를 미처 보지 못했는데, 잡지 정기 구독자들의 거주지를 핀으로 표시해놓은 그 지도 위에는 사실 누가 봐도 금방 알 수 있을 만큼 뉴멕시코 주의 어떤 한 장소에 핀들이 집중되어 있었다.

그렇다면 캠벨과 카트밀은 정말 원자폭탄과 관련된 극비 사항을 폭로했던 것일까? 사실 「데드라인」에 나오는 원자폭탄은 세세한 면에서 너무 부정확했고, 캠벨이 보안요원들에게 말한 것처럼 핵물리학 분야의 흐름을 유심히 관찰한 사람이라면 지속적인 핵분열 연쇄반응을 일으키는 물질을 만들기 위해서는 핵분열되는 적당량의 우라늄 동위원소를 분리해내는 것이 가장 큰 문제라는 사실쯤은 다 알고 있었다. 게다가 세상 돌아가는 데 관심이 많은 사람이라면 십중팔구 맨해튼 프로젝트 같은 것이 진행되고 있다는 것쯤은 어느 정도 짐작하고 있을 법했다.

캠벨과 카트밀이 자신들의 소설이 정부 측의 관심을 끌게 되리라는 것을 이미 짐작하고 있었다는 것도 주목할 부분이다. 1942년 캠벨은 '짐작을 너무 잘하는'이

▼ 1945년 7월 16일 인류 역사상 최초의 핵실험인 트리니티 실험을 연속 촬영한 사진.

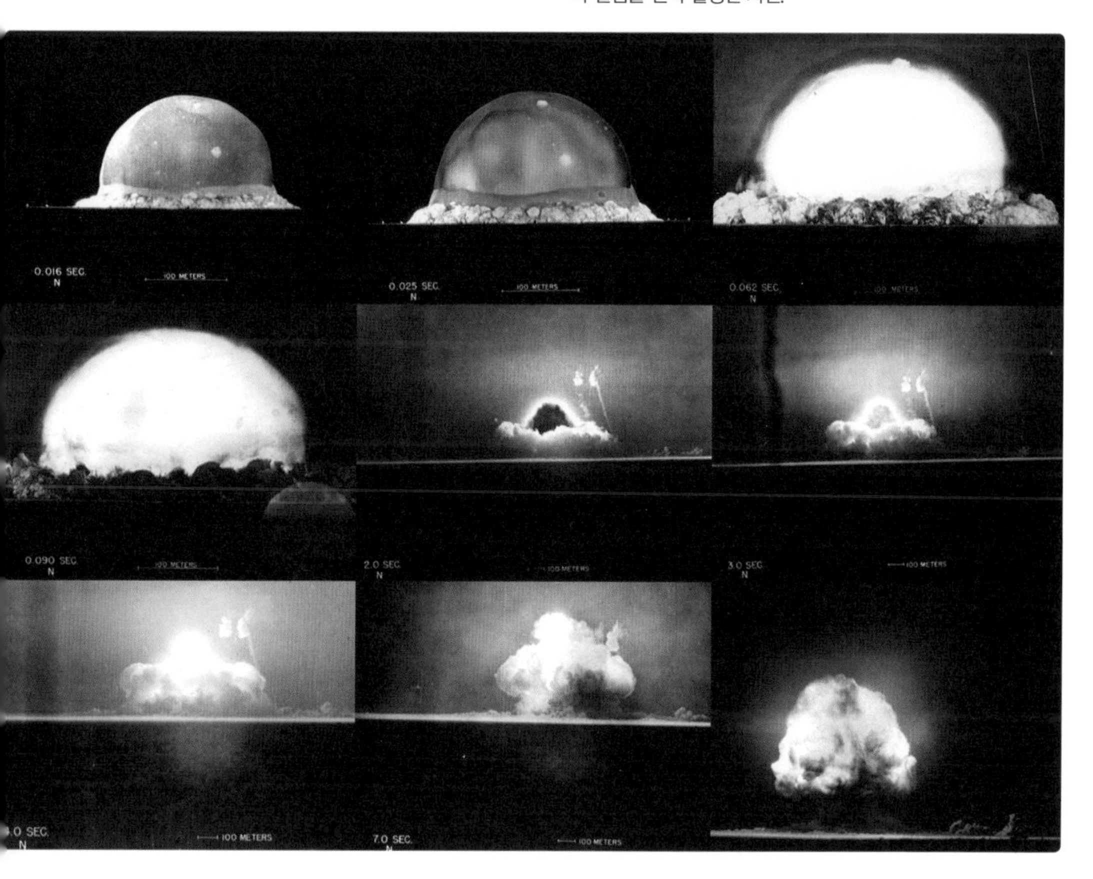

라는 제목의 사설을 직접 썼는데, 그 사설에서 그는 검열 규정을 어길 만한 일을 하지 않기 위해 『어스타운딩 사이언스 픽션』은 앞으로 가까운 미래에 대한 SF 소설은 다루지 않을 것이라고 다짐했다. 그런 그가 카트밀에게 대필을 맡기면서 마음을 바꾼 듯하나, 두 사람은 자신들의 소설이 검열 문제를 야기할 거라는 사실을 분명히 알고 있었던 것으로 보인다. 심지어 카트밀은 캠벨에게 보낸 편지에서 검열에 대한 우려를 표명하기도 했었다. 그러나 그는 원자폭탄과 관련된 이야기를 다뤄서는 안 된다는 검열 지침을 무시했고, 캠벨은 사전에 카트밀에게 검열 위반의 위험성을 일깨워주지 않았다. 잡지 편집자 캠벨이 검열 위반을 피하기 위해 한 말은 단 하나, 소설을 외계인들의 이야기로 몰아가야 한다는 것뿐이었고, 그래서 다소 느긋해진 카트밀은 사악한 '씩사' 세력과 고상한 '세일라'를 소설의 주인공으로 설정했다.

「데드라인」 사건을 수사했던 보안요원들의 기록을 보면 당시 그들이 캠벨이나 카트밀에게 어떤 악의적인 의도나 스파이 행위 또는 비밀 누설 행위 같은 건 없었다는 결론을 내렸다는 걸 알 수 있다. 그러나 당시 보안 당국은 맨해튼 프로젝트와 관련해 SF 소설을 통해 또 다른 방식으로 비밀 정보가 누출될 수도 있다는 우려를 떨쳐버리지 못했다. 그래서 맨해튼 프로젝트 관련 정보를 지키기 위한 조치의 일환으로 분업화를 채택했다. 그 결과 프로젝트에 참여한 사람들은 자신이 맡은 분야의 일에 대해서만 알 수 있었고, 사업 전반에 대한 것은 극소수의 핵심 인물만 관여하게 되었다. 문제는 각각의 분야에서 일하는 사람들이 「데드라인」 같은 소설을 읽고 자기 분야를 벗어나 서로의 일에 대한 정보를 취합할 경우 사업 전반에 대한 정보가 누설될 수도 있지 않을까 하는 것이었다.

1945년 8월 6일 일본 히로시마에 원자폭탄이 투하된 뒤 세계는 새로운 의문과 도전에 직면하게 되었다. 그리고 그 의문과 도전 중 일부는 이미 SF 소설에서 예견된 것이었다. 예를 들어 로버트 A. 하인라인의 소설 「폭발이 일어나다」에서는 핵폭발이 일어난 달에서 아무것도 살지 못하게 된다. 한편 1942년 제럴드 허드Gerald Heard가 쓴 『리플라이 페이드Reply paid』에서는 소행성대를 핵폭발로 파괴된 한 행성의 잔재로 묘사하고 있다. 1942년 『어스타운딩 사이언스 픽션』에 연재된 레스터 델 레이Lester del Ray의 SF 단편소설 「불안Nerves」에서는 핵발전소의 위험성을 선견지명을 갖고 해결하는 이야기가 펼쳐진다.

이렇듯 세계 종말 이후의 이야기를 다룬 많은 SF 소설에서 이제 핵 분쟁은 아주 흔한 이야기가 되었다. 그중 레이먼드 브리그Raymond Brigg의 소설 『바람이 불 때When the wind blows』(1982)와 텔레비전 드라마 〈그날 이후The day after〉(1983), 〈스레즈Threads〉(1984) 등 핵 분쟁과 관련된 시나리오를 다룬 SF물들은 일반 대중으로 하여금 핵전쟁의 위험에 대한 경각심과 반핵 정서를 갖게 하는 데 큰 역할을 했다.

▼ 1945년 8월 6일 최초의 원자폭탄이 투하된 뒤 잿더미로 변한 히로시마.

06

탱크

다빈치, 웰스가 꿈꾼 전장을 누비는
강철 괴물의 탄생

H. G. 웰스는 자신의 소설들에 나오는 내용이 기술적으로 실현 가능하다고 믿었으며, 또 과학 및 사회의 흐름에 대한 관심도 많아 미래에 대한 그의 영감은 더 힘을 받았다. 그만큼 웰스의 소설들 속 이야기는 현실화될 가능성이 높아 보였다. 그의 소설에 나오는 원자폭탄이 실제 원자폭탄을 만드는 데 큰 영향을 주었듯 그가 1903년에 예견한 차량 역시 제1차 세계대전 때 등장한 실제 탱크에 직접적인 영향을 준 듯하다. 이는 당시 탱크 개발의 핵심 인물이었던 윈스턴 처칠이 주장한 바이기도 했다. 처칠이 1925년 영국 왕립위원회에서 탱크의 출현에 큰 영감을 준 것은 웰스의 소설 「육상 철갑함The land ironclads」이라고 증언한 것이다. 그러나 웰스가 탱크 같은 장갑차를 최초로 생각해낸 것은 아니었다. 상상 속의 탱크는 그 뿌리가 르네상스 시대로 거슬러 올라간다.

레오나르도 다빈치의 장갑 전차

레오나르도 다빈치를 SF 작가로 보는 건 논란의 여지가 많겠지만, 미래지향적인 그의 많은 디자인들은 그야말로 순수한 상상력의 산물이었다. 그의 디자인 상당수는 애당초 실용성이나 실현 가능성은 염두에 두지 않았기 때문이다. 다빈치가 살았던 르네상스 시대의 이탈리아는 유럽 내에서도 손꼽히는 전쟁터였고, 그래서 서로 경쟁 관계에 있던 영주들 사이에서는 예술이나 문화 분야는 물론 군사기술 개발과 관련해서도 경쟁이 치열했다. 다빈치는 이 같은 문화 · 군사 분야의 경쟁에 깊이 관여했고, 그래서 그의 노트에는 아주 특이한 석궁이나 기관총부터 영화 〈007〉 시리즈에 나오는 무기를 떠올리게 하는 장갑 전함 등 수십 종의 독특한 전쟁 무기 관련 디자인이 빼곡히 적혀 있었다. 1485년, 당시 밀라노 공작인 루도비코 일 모로Ludovico il Moro를 위해 일하던 다빈치는 여러 무기들에 대한 아이디어와 함께 '장갑차 또는 탱크의 조상'으로 불리기도 하는 덮개 씌워진 전차에 대한 아이디어를 자신의 군주에게 소개하려 했다. 당시 다빈치는 자신의 노트에 이렇게 적었다. "안전하고 공격을 당하지 않을 덮개 씌운 마차를 만들려 한다. 적과 그 포병 대열을 돌파할 때 적군의 숫자가 아무리 많아도 두려워할 필요가 없는 차량 말이다."

그 전차 디자인에서 가장 눈에 띄는 것은 전차를 조종하는 병사를 보호해주는 원뿔형 덮개다. 이 덮개의 소재에 대해서는 학설이 분분하다. 나무라고 주장하는 사람들이 있는데, 그럴 경우 장갑차로서의 기능은 제한될 수밖에 없을 것이다. 또 목재에 금속판을 입혀 보강했다는 주장도 있는데, 그럴 경우에는 그 무게가 어마어마하게 나갈 것이다. 다빈치는 이 장갑 전차를 디자인하면서 고대 로마 군대의 전형적인 거북 대형을 차용했다. 거북 대형은 한 무리의 병사들이 서로 방패를 붙인 채 빙 둘러 촘촘히 붙어 서 있고, 가운데 있는 병사들은 방패를 머리 위로 들어 올려 적의 창이 비집고 들어올 틈이 없게 거북 등처럼 대형을 만드는 것이다. 다빈치는 그 거북 대형을 발전시켜 전쟁터를 마음껏 누빌 수 있는 바퀴 달린 차축 위에 하중을 견딜 수 있는 새시를 얹고 그 위에 다시 방패벽을 올렸다. 그리고 덮개 밑

▲ 레오나르도 다빈치가 1485년에 그린 '덮개가 있는 전차'.

가장자리에는 가벼운 대포들을 빙 둘러 배치함으로써 전후좌우 어디든 공격할 수 있게 했다.

다빈치는 또 이 장갑 전차 안에 복잡한 기어 장치를 설치해 여덟 명이 한 팀을 이뤄 바퀴를 돌리게 설계했다. 처음에는 동물들을 동력으로 사용하려 했으나, 동물들은 장갑 전차의 밀폐된 공간과 소음 속에서 통제 불능 상태가 될 거라는 사실을 깨닫고 그 생각을 접었다. 어쨌든 이 장갑 전차를 실제 만들었다 해도 아마 제대로 작동되지는 않았을 것이다. 너무 무겁기 때문이기도 하고, 다빈치가 그린 도면대로 만들 경우 작동 시 앞 톱니바퀴와 뒤 톱니바퀴가 서로 반대 방향으로 돌아가는 등 문제가 발생했을 것이기 때문이다. 이를 두고 '다빈치의 음모'라고 말하는 사람도 있는데, 다빈치가 누군가 자신의 아이디어를 훔쳐서 도면대로 제작할 경우 제대로 작동되지 못하게 하려고 일종의 안전장치를 집어넣었다는 것이다. 겉으로 드러내지는 않았지만 사실 평화주의자였던 다빈치가 일부러 자신이 발명한 무기에 그런 결함을 집어넣었다고 말하는 사람도 있다.

원뿔형 덮개 꼭대기에는 관측탑이 있어 거기에서 지휘관이 전쟁 상황을 살펴보고 전차 안의 병사들에게 지시를 내릴 수 있게 되어 있는데, 이는 20세기의 탱크와 아주 유사한 데가 있다. 다빈치의 발명을 통해 그가 발전된 무기가 전술에 미치는 영향에 관한 통찰력을 가지고 있었다는 것을 알 수 있는데, 기동력 있는 이 장갑 전차가 경보병들을 보호해줄 수 있다고 생각했던 것이다. 그는 노트에 이렇게 적었다. "(장갑 전차) 뒤를 따르는 보병들은 부상이나 기타 다른 장애물을 두려워할 필요가 없다."

웰스의 육상 철갑함

다빈치의 장갑 전차는 그의 설계도면에서 한발도 더 나아가지 않았는데, 애초부터 이 전차는 그야말로 그의 판타지에 지나지 않았기 때문인지도 모른다. 다빈치가 예견한 무기가 탱크라는 이름으로 현실화된 것은 400년도 더 지나서의 일인데, 그걸 SF 소설에서 예견한 사람은 H. G. 웰스였다. 1903년 잡지 『스트랜드 매거진 Strand magazine』에 기고한 「육상 철갑함」에서 웰스는 다빈치의 장갑 전차에서 영감을 얻어 육상 철갑함을 등장시킨다.

당시 영국과 독일 사이의 전쟁 가능성이 점점 높아지는 상황에서 장갑 전함은 영국 해군의 기술에 혁명적인 변화를 가져왔으며, 두 나라 간의 군비 경쟁에 불을 지피기도 했다. 「육상 철갑함」에서 웰스는 두 나라 간의 미래 전쟁을 그리고 있는데, 그 전쟁은 곧 참호전으로 바뀌며 교착 상태에 빠진다. 당시의 군사기술 동향에 밝았던 웰스 입장에서 이 정도의 예측은 어려운 일이 아니었다. 그의 소설 속 전투에 많은 영향을 준 것은 19세기 말에 있었던 영국과 네덜란드계 남아프리카공화국

▲ H. G. 웰스의 SF 소설 「육상 철갑함」에 실린 거대한 장갑차.

시민인 보어인들 사이에서 벌어진 제2차 보어 전쟁이었는데, 그 전쟁의 특징 중 하나가 바로 참호전이었던 것이다. 미국 남북전쟁에서부터 19세기 말 사이에 일어난 여러 전쟁들을 보면 공격보다 방어가 점점 더 중요시되는 경향이 있었으며, 무기의 발사 속도는 나날이 빨라져 공격 중인 병사들이 막대한 피해를 입을 수 있다는 두려움이 커져가고 있었다. 이처럼 전장의 모습은 변화되어갔고, 전술가들은 그런 변화에 적응하려 애썼다. 웰스의 뛰어난 통찰력에 따르면 이동식 장갑 차량이야말로 교착 상황을 타개할 열쇠가 될 수 있었다. 그래서 그의 소설에서 혁신은 거대한 육상전함 형태로 나타났다.

웰스의 육상 철갑함은 열네 개의 증기 엔진으로 구동하는 30미터 길이의 거대한 괴수로, 거북처럼 빙 돌아가며 거의 바닥까지 철갑을 두르고 있는데, 이는 다 빈치의 장갑 전차와 놀랄 만큼 유사하면서 길이는 더 길다. 소설 속 화자는 이 장갑차를 처음 보고 이렇게 말한다. "괴물 같은 그 기계는 음산한 잿빛 여명 속에 맨 앞쪽 참호 주변 경사로에 비스듬히 누워 있었다. 좌초된 그 기계는 정말 아주 컸다." 그러면서 화자는 그 기계가 길이는 24미터에서 30미터쯤, 높이는 3미터쯤 된다면서 이렇게 말을 잇는다. "그 철갑함은 겉이 매끈했으며 … 거북 등처럼 평평한 덮개 밑쪽은 복잡한 무늬로 위장하고 있었다. 그 무늬 안에는 진짜와 가짜 포문과 총신, 망원경이 뒤섞여 있는데, 어떤 게 진짜고 어떤 게 가짜인지 잘 구분되지 않았다."

어디든 갈 수 있는 무한궤도의 탄생

「육상 철갑함」에서 웰스는 장갑차 안에 들어간 독창적인 기술들에 대해 아주 자세히 설명했다. 주력 화기는 웰스가 「육상 철갑함」을 집필할 무렵 막 시제품 형태로 개발되고 있던 자동소총이었다. "탄창에 장전된 탄알이 발사되며, 탄약이 바닥날 때까지 자동으로 탄창에서 재장전된다." 이러한 자동소총에는 정교하면서도 독창적인 전자식 조준 발사 장치가 붙어 있었다. 어떤 물체가 조준경 안으로 들어오면 소총수는 칸막이가 있는 장치를 이용해 표적을 조준한 다음 전자식 조준 발사 장치를 눌러 사격하게 돼 있었다. 그리고 바이올린 현 같은 가는 장선(腸線)을 이용해 조종하는 초기 형태의 광학식 표적 추적기가 달려 있었다.

웰스는 전쟁터에서 흔히 볼 수 있는 진흙탕이야말로 기동력이 생명인 장갑 차량이 극복해야 할 가장 큰 문제라는 사실을 간파했으며, 따라서 자신이 고안한 장갑 차량은 기계식 발을 이용해 어디든 자유롭게 돌아다닐 수 있게 했다. '굵고 뭉툭한 모양의 옹이나 버튼 그 중간쯤 되는 것으로, 코끼리 발이나 애벌레의 다리를 연상케 하는 평평하면서도 넓은 발이 달린 장치'를 도입했던 것이다.

그런데 이러한 발은 사실 「육상 철갑함」이 쓰인 1903년에 브래머 조셉 딥록

Bramah Joseph Diplock이라는 엔지니어가 실제로 발명한 것으로, 딥록은 그러한 발을 '무한궤도'라고 불렀다. 딥록에 따르면 이 무한궤도로 바퀴를 감싸면 무거운 차량들이 훨씬 수월하게 험한 지형을 돌아다닐 수 있었다. 1910년에 이르러 그는 무한궤도로 바퀴 바깥쪽을 감싸 초기 형태의 무한궤도를 만들어냈다.

웰스의 장갑차는 약 여덟 쌍의 무한궤도로 돌아다녔으며, 각각의 무한궤도는 독립된 차축에 의해 움직였다. 또 소형 증기 엔진에 의해 시속 10킬로미터 이상의 속도로 움직일 수 있었으며, 지휘관이 잠수함의 잠망경 비슷하게 생긴 접이식 전망탑 안으로 올라가 조종하게 돼 있었다.

웰스는 장갑차의 장갑판에 대해서는 자세히 설명하지 않았으나 조절 가능한 주변 장갑판의 두께가 30센티미터라고 해, 고정된 장갑판의 두께 역시 적어도 그 정도는 될 것으로 보인다. 실제로 웰스의 장갑차는 워낙 커서 그 무게가 엄청 나갈 것이며, 따라서 무른 땅 위로는 다닐 수 없었을 것이다. 그러나 그가 만든 가상의 세계에서 이 장갑차들은 단숨에 전세를 뒤엎어버렸다. 육상 철갑함들을 앞세워 적의 참호를 돌파해 들어가 빈틈을 만들면 기병과 자전거 부대가 그 틈을 파고들었던 것이다. 결국 단 열네 대의 장갑차로 적군 전체를 제압해냈다.

참호전에서 기갑전으로

1915년은 영국의 군사 기술이 크게 성장한 해로, 처칠이 말한 것처럼 웰스와 그가 쓴 「육상 철갑함」은 그 군사적인 발전에 결정적인 영감을 주었다. 당시 처칠은 웰스의 오랜 팬이자 친구였다. 웰스는 『예측Anticipation』이라는 책이 출간되었을 때 처칠에게 책을 선물했고, 처칠은 이에 대해 "나는 당신의 작품은 전부 다 읽었습니다"라며 감사의 편지를 보냈다. 그리고 그로부터 1년 후인 1902년에 두 사람은 처음 만났고, 그후 웰스가 세상을 뜰 때까지 편지를 주고받았다. 처칠은 이 SF 작가로부터 많은 아이디어를 얻었으며, 심지어 웰스가 한 말을 인용하기도 했다. 특히 제2차 세계대전에 대해 쓴 처칠의 첫 번째 책 『폭풍 전야The gathering storm』의 제목이 웰스의 책에 나온 말이라는 것은 이미 잘 알려진 사실이다. 처칠은 '웰스의 작품들에 대해 시험을 본다면 합격할 자신이 있다'고 말하기도 했다.

처칠은 웰스의 장갑차에 대해서도 잘 알고 있었다. 1915년, 당시 영국 해군장관이었던 처칠은 어니스트 스윈턴Ernest Swinton 대령의 제안 때문이기도 했지만, 어쨌든 무한궤도로 움직이는 육상전함을 개발하려는 해군 연구 프로젝트를 앞장서서 이끌었다.

사실 이 프로젝트는 많은 반대에 부딪혔으며, 초기의 제안들은 육군성으로부터 혹평을 받았다. "육상전함은 적의 좋은 표적이 될 것이다. 특히 무한궤도는 총알에도 부서져버릴 것이다."

그런데 사실 웰스는 이미 그와 비슷한 반대들을 예견했다. 그러나 소설 속에서는 장갑차가 나타나자 적들은 너무 놀라 중화기를 제대로 쓰지 못하게 된다. 그리고 후에 실제로 탱크가 전장에 등장했을 때도 이와 비슷한 전략이 효과를 거둔다. SF 소설 팬도 아니고 상상력도 풍부하지 않았던 동료들에 비해 처칠은 문제의 핵심을 잘 알고 있었다. 그러니까 육상전함은 중화기의 표적이 되는 걸 피할 수 있을 만큼 그 무엇보다 기동력이 뛰어나야 한다는 걸 말이다. 그러나 그가 이끄는 해군성 내에서마저 회의론이 제기되었다. 당시 한 해군 고위 인사는 대놓고 이런 불평을 하기도 했다. "무한궤도 육상전함은 어리석고 쓸데없는 것이다. 그 누구도 그것을 요청하지 않았고, 그 누구도 그것을 원치 않는다."

그럼에도 불구하고 처칠의 지원하에 무한궤도 육상전함은 그 형태를 갖춰가기 시작한다. '리틀 윌리'라는 이름의 초기 모델은 무한궤도가 달린 몸체를 하고 있었고, 그 모습이 무슨 상자 같았다. 이 모델은 연구 프로젝트 본연의 취지를 감추기 위해 물을 담는 '탱크tank'라는 암호명으로 불렸다. 리틀 윌리는 후에 '빅 윌리'로 대체되는데, 이 모델은 웰스가 상상한 것처럼 험한 지형을 마음껏 돌아다니고 참호를 쉽게 건너고 잘 뒤집히지 않게 하기 위해 마름모꼴로 만들어졌다.

1916년 초에 이르러 빅 윌리는 '탱크 Mk I'이라는 이름으로 실전 배치될 정도

▲ 최초의 탱크인 리틀 윌리. 장갑차와 무한궤도가 합쳐진 모델.

로 군 관계자들을 만족시키게 되며, 같은 해 9월 솜 전투에 처음으로 투입된다. 버트 채니Bert Chaney라는 한 젊은 통신장교는 다음과 같은 목격담을 남겼는데, 그의 말은 마치 웰스의 「육상 철갑함」의 한 구절을 보는 듯하다.

> … 거대한 괴물 같은 기계 세 대가 천천히 우리에게 다가왔다. … 그것들은 거대한 강철 괴물로, 몸체 전체에 두 쌍의 무한궤도가 감겨 있었다. 양 옆의 볼록 튀어나온 부분에는 문이 달려 있었고 회전 가능한 자동 화기가 튀어나와 있었다.

1917년 11월에 벌어진 캉브레 전투에서는 탱크의 진가가 최초로 발휘되었고,

그 후 몇 차례 성공을 거두기는 했지만 초창기의 탱크들은 웰스가 꿈꾼 것처럼 전쟁을 끝낼 정도로 결정적인 영향을 미치지는 못했다. 그러나 1918년 8월 8일 아미앵 전투에서 영국군은 탱크 450대를 앞세워 독일군 전선을 파죽지세로 돌파했고, 그 과정에서 영국 제4군은 2만 8,000명의 독일군을 포로로 붙잡고 400대의 대포를 손에 넣음으로써 독일 스스로 '전쟁 역사상 독일군 최악의 날'로 선포할 정도로 크게 승리하게 된다. 그때부터 탱크는 군의 가장 중요한 자산 중 하나로 떠올랐으며 '기갑전'이라는 전혀 새로운 전략이 출현하게 된다.

▼ 1917년 11월 캉브레 전투에서 작전 수행 중인 영국군의 탱크.

전쟁을 승리로 이끈 사람들

앞서 말했지만 세계대전이 끝난 뒤 처칠은 영국 왕립위원회에서 탱크를 처음 예견한 사람은 웰스라고 주장했는데, 그의 말은 어느 정도나 맞는 것일까?

사실 다빈치와 웰스 사이에는 다른 많은 예견들이 있었다. 예를 들어 1855년에는 의료 분야에 종사하던 퇴역 군인 제임스 코웬James Cowen이 증기 엔진으로 움직이는 자칭 '육상 포대land battery'라는 장갑차를 특허출원했는데, 후에 그는 그 장갑차를 좀 더 정교한 장치로 변경했다. 1880년대에는 프랑스 화가이자 SF 작가인 알베르 로비다Albert Robida가 20세기에 관해 쓴 3부작 소설에서 미래의 전쟁에 대해 그리면서 기동력 있는 크고 작은 장갑차들을 상상해냈다. 로비다는 그 장갑차들의 뒤를 무장한 자전거 부대가 따른다는 아이디어를 웰스보다 앞서 내놓기도 했다. 20세기 초에는 독일계 영국인 엔지니어 F. R. 심스F. R. Simms가 장갑 사륜 오토바이인 '워 스카우트'부터 '모터 워 카' 그리고 궤도 자전거에 이르는 다양한 장갑차들을 상상해냈다. 그런가 하면 1904년 프랑스 기업 샤롱-지라르도-보이그 사에서는 러시아인들을 위해 특수한 장갑차를 제조하기도 했다. 이 장갑차는 실제 사용된 최초의 장갑차들 중 하나이기도 하며, 그중 일부 모델은 제1차 세계대전이 발발할 때까지 계속 사용되었다.

그러나 실제 탱크의 진정한 선구자는 현실에 맞게 당대의 모든 기술을 취합해 최초로 탱크를 만든 영국의 어니스트 스윈턴 대령이라 할 수 있다.

1914년 10월, 당시 공병 중령이었던 스윈턴은 다니기 힘든 지형에서 무거운 짐을 끌고 가는 데 이용하는 미국 홀트 사에서 만든 트랙터를 보았다. 그는 이 트랙터 기술이야말로 참호전으로 인해 교착 상태에 빠져 있는 서부전선에서 돌파구를 찾는 데 꼭 필요한 기술이 될 것이라고 생각했다. 게다가 스윈턴은 다양한 종류의 무한궤도식 장갑차 개발을 지지하는 몇 사람 가운데 하나였다. 바로 이런 점에서 처칠이 탱크를 발명한 사람이 H. G. 웰스라고 주장한 것은 실수였다.

그러나 처칠이 웰스의 「육상 철갑함」을 읽지 않았다면 아마 탱크를 현실화하는

▲ 맥심 기관총이 장착된 F. R. 심스의 사륜 오토바이 '모터 스카우트'.

▲ 샤롱-지라르도-보이그 사의 장갑차.

데 처칠이 그렇게까지 강력한 구심점 역할을 하지 못했을지도 모른다. 1915년 1월에 처칠은 영국 총리에게 편지를 보내 철조망을 깔아뭉개며 돌진하고 참호를 돌파하며 보병을 엄호해줄 수 있는 증기 엔진식 무한궤도 트랙터를 개발할 것을 호소했다. 그리고 그의 이런 열정은 웰스의 선견지명에 대한 믿음에서 비롯된 것이었다. 그리하여 1915년 2월 17일, 마침내 영국 육군성이 육상전함 아이디어를 채택했을 때 처칠은 이미 그 프로젝트를 떠맡을 만반의 준비가 되어 있었다.

그해 2월 22일에는 해군성 육상전함 위원회가 열렸다. 그리고 그 위원회를 거치면서 탱크 프로젝트가 본격적으로 시작되어 H. G. 웰스가 꿈꾼 육상전함이 현실화되게 된다.

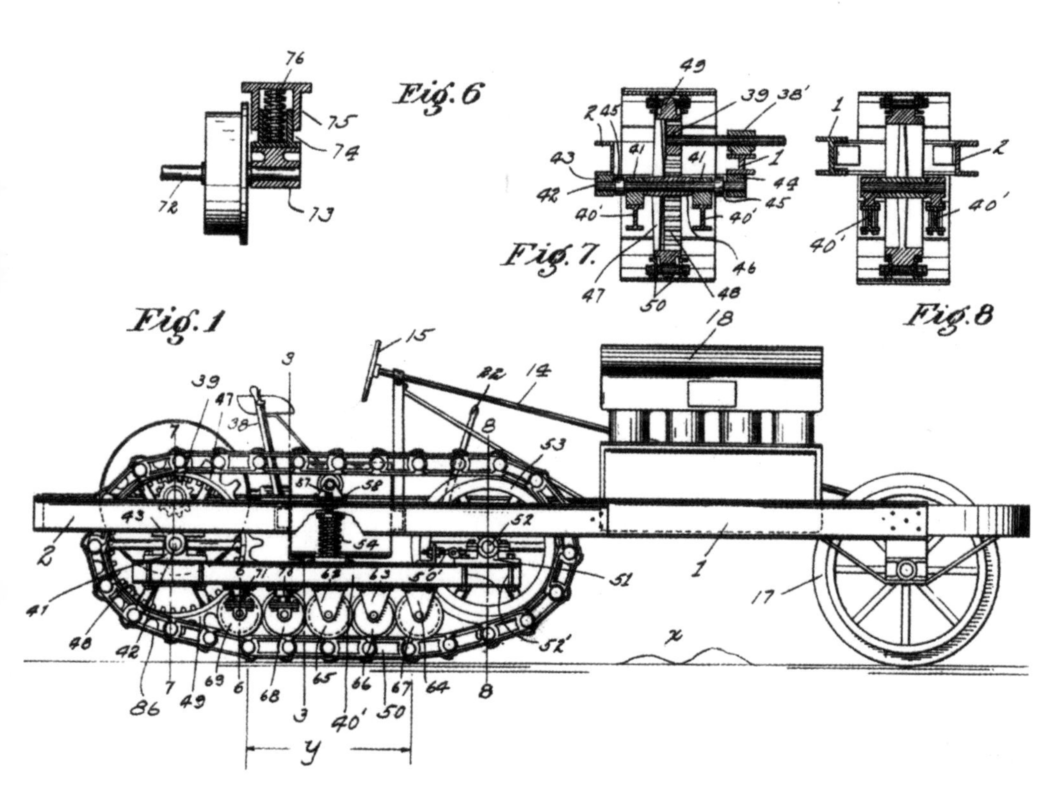

▲ 1913년에 특허출원한 무한궤도를 장착한 트랙터의 설계도.

07

에너지 무기

『우주 전쟁』 화성인들의 열 광선과
실전용 레이저 무기의 발명

레이저건은 SF 분야에서 약방의 감초처럼 등장하는 무기로, SF 영화 속 등장인물인 벅 로저스와 댄 데어부터 루크 스카이워커, 커크 선장 등의 필수 아이템이기도 하다. 오늘날 전술 레이저 무기는 마침내 현역 부대에 실전 배치되기 직전의 상태로, 이제 전쟁터에서 실제로 사용될 가능성이 높아지고 있다. 그러나 레이저 무기는 이미 오래전부터 SF 소설들 속에서 예견되어 왔고, 또 실제 군사 무기 연구가들에 의해 개발되고 있는 열 광선, 극초단파 레이저(또는 메이저maser), 입자 포, 플라스마 라이플, 전기 방출 무기 등 유사 무기들 가운데 하나일 뿐이다.

이런 무기들은 모두 '지향성 에너지 무기'의 범주에 넣을 수 있다. 재래식 무기는 고체 발사체나 폭발물을 발사하는 데 반해, 지향성 에너지 무기는 이온이나 '플라스마'라고 알려진 이온화 가스같이 아주 작으면서도 에너지 밀도가 높은 입자나 순수한 에너지를 사용한다. 이론상 아주 먼 거리도 광속으로 날아가 정확하게 표적을 때리는데, 그 위력이 매우 파괴적이고 탄약은 무한정하며 발사 비용이 적게 든다는 등의 장점이 있다.

『우주 전쟁』의 열 광선

초기 SF 소설에 등장한 살인광선 중 가장 잘 알려진 예는 아마도 1897년에 발표된 H. G. 웰스의 고전 『우주 전쟁』에 나오는 화성인들의 '열 광선'일 것이다. 『우

▼ 1953년에 나온 영화 〈우주 전쟁〉의 포스터.

주 전쟁』 5장에는 화성인들의 발사체가 떨어지면서 생긴 구덩이 속으로 외계인들을 만나러 용감하게 걸어 들어가는 세 남자에 관한 이야기가 나오는데, 바로 그때 인류는 그 무서운 열 광선 무기를 처음으로 접하게 된다. 세 남자가 화자의 시야에서 사라지고 얼마 지나지 않아 갑자기 불빛이 번쩍하더니 구덩이 안에서 세 개의 눈부신 초록빛 연기가 피어올랐다가 하나씩 바람 한 점 없는 공기 속으로 사라졌다. 그리고 곧 구덩이 안에서 기계 한 대가 올라와 유령처럼 으스스한 한 줄기 광선을 쏘아댔다. 그 기계가 광선을 쏘면서 한 바퀴 빙 돌자 광선이 닿은 것은 모조리 번쩍 빛을 내며 불길에 휩싸였다.

그리고 이 소설의 다음 장에는 화성인들이 보여준 열 광선의 놀라운 위력에 대한 설명이 나온다.

> 화성인들이 어떻게 그토록 빠르고 소리 없이 인간들을 살육할 수 있는지는 여전히 의문이었다. 많은 사람들은 화성인들이 완전한 비전도체로 이루어진 실내에서 강력한 열을 발생시킬 수 있는 능력을 가지고 있다고 믿었다. 등대에서 빛을 비추듯 정체를 알 수 없는 물질로 된 매끄러운 볼록한 반사경을 이용해 표적을 향해 광선을 쏘면 엄청난 열이 발생했다. 그러나 그 누구도 그 세세한 내용을 제대로 입증해 보이지는 못했다. 어쨌든 중요한 것은 열 광선이었다. 눈에 보이는 빛이 아니라 열을 이용하는 것이다. 가연성 있는 물체는 그게 무엇이든 그 광선이 닿는 순간 불길에 휩싸였다. 납은 녹아 물처럼 흘렀고 철은 흐물흐물해졌으며 유리는 깨지거나 녹아내렸다. 그리고 물에 광선이 닿으면 바로 폭발하며 수증기가 치솟았다.

그런데 웰스가 그 광선을 '열 광선'이라고 표현한 것은 기술적 측면에서는 잘못된 것이다. 열은 엔트로피(원자의 진동처럼 에너지가 다른 형태로 소실되는 것)와 연관된 에너지의 흐름이다. 따라서 아주 먼 거리까지 일관성을 유지하며 날아갈 수가 없다. 웰스가 묘사한 것은 기본적으로 레이저였다. 레이저는 열을 실어 나르지 않아 일관성이 유지되는 빛줄기이며, 따라서 어떤 물체든 가 닿으면 그 표면에 아주 큰 에너지가 전달되어 번쩍 빛을 내며 맹렬하게 타버린다. 웰스의 소설 『우주 전쟁』에서는 원래 열 광선이 표적을 파괴하거나 표적에 어떤 영향을 주지 않았다는 데 주목하자. 그런 열 광선은 2005년에 나온 스티븐 스필버그 감독의 동명의 영화 〈우주 전쟁〉에서 나온 것이다.

아르키메데스의 화염 거울

웰스의 설명에서 흥미로운 점은 그가 말하는 열 광선이 아르키메데스의 '화염 거울'을 떠올리게 한다는 것이다. 그런데 화염 거울이 실제 존재했을 가능성은 거의 없다는 것이 일반적인 생각이기 때문에 그 장치는 잘 알려진 최초의 SF 소설 속 이야기 정도로 봐도 좋을 것이다.

아르키메데스는 기원전 3세기의 수학자 겸 발명가로, 시칠리아에 있는 그리스 식민지 시라쿠사 출신이다. 전해오는 이야기에 따르면 그는 기원전 213년에 타고난 탁월한 재주로 지렛대의 원리를 이용해 선박 격퇴용 갈고리 등의 방어 무기들을 만들어 침입해온 로마군을 물리쳤다고 한다. 그런데 그보다 훨씬 뒤, 그러니까 이런 일들이 일어났던 때로부터 1,000년 후에 쓰인 이야기에서는 환상적인 요소가 새로 추가된다.

12세기 비잔틴 제국의 역사가이자 작가였던 요하네스 조나라스Joannes Zonaras는 3세기의 로마 역사가 디오 카시우스Dio Cassius의 말을 인용하는 것이라면서 '아르키메데스가 남긴 최대 업적은 믿을 수 없는 방법으로 로마 함대를 전부 불살라버린 것'이라고 했다. 그러면서 그는 이렇게 적었다. "태양을 향해 비스듬히 세워놓은 거울로 태양 광선을 한곳으로 모아 큰 불길을 일으켰다. 그러니까 정박 중이던 로마군의 배들에 태양 광선을 집중시켜 모든 배들을 불태워버린 것이다."

비슷한 시기에 활동한 비잔틴 시대의 또 다른 학자 요한 트제트제스John Tzetzes는 기술적인 측면에서 다음과 같이 더 자세하게 적었다. "그 노인은 육각형 모양의

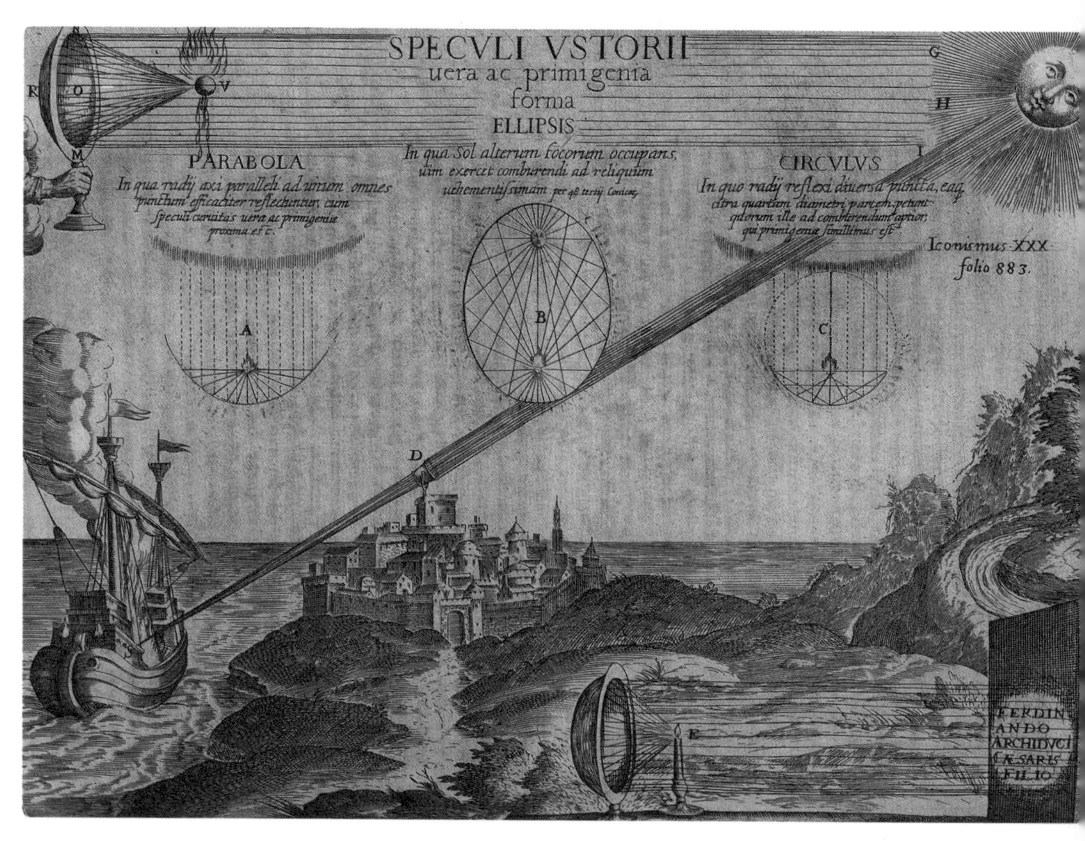

▲ 아르키메데스의 화염 거울의 원리와 그 효과를 보여주는 17세기의 판화.

거울을 만들었다. 그리고 그 거울 크기와 비례하는 거리에 비슷한 모양의 좀 더 작은 거울들을 설치했는데, 서로 연결되어 있고 경첩 같은 것으로 움직일 수 있는 유리를 통해 태양 광선을 한곳에 모았다." 그리고 그 태양 광선은 멀리 떨어진 배들을 잿더미로 만들 수 있을 만큼 강력했다.

얼핏 들으면 화염 거울은 태양 광선을 특정 지점으로 반사하는 일광 반사 장치처럼 보인다. 고대 그리스인들은 반사면이 오목한 포물면 거울을 이용하면 태양 광선을 한곳에 모을 수 있고, 그래서 포물면 일광 반사 장치로 어떤 물체에 태양 에너지를 집중시키면 그 물질이 아주 높은 열을 내면서 타버린다는 것을 알고 있었다. 그런 장치를 무기로 활용하려면 누군가 초점을 조절할 수 있어야 하며, 결국 조절 가능한 광학 장치도 필요하다. 트제트제스가 설명하려 했던 것은 바로 이런 것이었던 듯하다. 따라서 아르키메데스의 화염 거울은 실제 존재했었을 가능성도 있어 보인다. 그래서 13세기의 프란체스코회 수사 로저 베이컨Roger Bacon은 그런 기술이 회교도들의 손에 넘어갈 수도 있다는 생각에 두려워하며 교황 클레멘스 4세Clement IV에게 편지를 써 이렇게 경고하기도 했다. "그들이 이런 거울을 이용해 도시와 군 야영지와 무기를 모두 태워버릴 수도 있습니다."

훗날 학자들은 화염 거울이 현실화될 수 있는가 하는 문제를 놓고 그 의견이 분분했다. 17세기의 수학자이자 철학자인 데카르트는 화염 거울 이야기를 '그저 판타지일 뿐'이라고 일축했으나 프랑스의 자연학자 콩트 드 뷔퐁Comte de Buffon은 1747년 128개의 거울과 렌즈를 이용해 45미터 떨어진 곳에 있는 소나무 판자에 불을 붙였다고 주장했다.

1975년에는 그리스에서, 그리고 2002년에는 독일에서 화염 거울 실험을 했는데, 두 실험에서는 모두 많은 참가자들이 거울을 들고 힘을 합쳐 한 표적에 초점을 맞춰 불을 붙이는 데 성공했다. 1958년에 나온 아서 C. 클라크의 소설 「경미한 일사병A slight case of sunstroke」에서는 화염 거울과 관련해 한 가지 흥미로운 일이 벌어진다. 5만 명의 축구 팬이 알루미늄 호일을 씌운 책자를 들고 합심해서 경기 중 부당한 판정을 내리는 한 심판에게 태양 광선을 집중시키는 장면이 나오는 것이다.

그러나 이 모든 일들에도 불구하고 포물면 일광 반사 장치는 아마 가까운 거리에 있는 불에 잘 타는 정지된 표적 이외에는 피해를 주기 힘들 것이다.

화염 거울 이야기에서처럼 먼 거리까지 에너지가 전달되는 지향성 에너지 무기를 만들자면 또다시 레이저 기술에 대한 이야기로 돌아가지 않을 수 없다.

텔레포스 슈퍼건

레이저 기술이 세상에 나오기 전에는 과학과 소설의 경계선에 몸담고 있던 사람들에 의해 다른 유형의 에너지 무기들이 연구되었다. 그러다가 20세기에 들어오면서 X선 등 여러 종류의 광선이 발견되고 아원자 영역을 다루는 특이하고도 새로운 물리학 분야가 부상했으며, 전자기학 분야에서도 무선 및 고전압 현상이 발견되는 등 그야말로 비약적인 발전이 이루어진다. 그 결과 대중의 상상력을 자극하는 이야기들이 소설이나 선정적인 저널리즘 형태를 가장하여 대거 쏟아져 나오게 된다. 그 가운데 제1차 세계대전과 제2차 세계대전 사이에 특히 많은 관심을 끈 것은 살인광선에 대한 이야기였다. 가뜩이나 제1차 세계대전을 거치면서 향상된 무기의 살상력을 한층 더 강화할 것으로 보이는 살인광선에 대한 관심이 높았던 것이다.

살인광선 개발에 가장 큰 관심을 보인 과학자는 니콜라 테슬라와 해리 그린델 매튜스Harry Grindell Matthews로, 이 두 사람은 모두 허풍이 심한 사변 소설의 세계에 발을 들여놓고 있었다.

테슬라는 세르비아 출신의 전기 기술자로, 미국으로 건너가 전기 시대의 기술적 토대를 구축하는 데 많은 기여를 했다. 그는 역사상 가장 위대한 발명가들 중 한 사람으로, 전기 모터와 발전기, 변압기 등을 개발한 뒤 고전압 전기 현상 같은 보다 난해한 분야로 넘어갔다. 몇몇 이유로 발명품으로 인정받지 못했지만 그는 아마도 X선과 무선 전송을 입증해 보인 최초의 인물일 것이다. 그는 각종 전시회와 국제

▲ 화염 거울을 재연한 콩트 드 뷔퐁의 그림.

박람회에서 여러 극적인 실험을 시연해 보임으로써 대중의 눈에는 엄청난 에너지와 낯선 힘들을 마음대로 가지고 노는 진기의 마법사처럼 보였다.

그런 테슬라는 점점 더 야심만만해졌지만 실현하기 힘든 프로젝트들로 인해 사람들로부터 소외되고 궁핍해지며 괴짜가 돼갔다. 그러한 상황에서 언제부터인가 그는 살인광선의 잠재력에 대해 떠들어대게 되며, 그의 주장은 언론을 통해 사람들에게 전파된다.

진공관은 공기를 빼내 거의 진공인 상태에 아주 적은 양의 기체 분자만 남은 관으로, 그 기체 분자들에 전류가 흐르면 쉽게 이온화될 수 있다. 빅토리아 시대에 발명된 이 진공관은 X선과 음극선(전기회로의 음극에서 방출되는 전자들의 흐름) 같은 초창기의 광신 현상들을 발견하고 입증하는 데 큰 역할을 했다. 테슬라 역시 진공관을 가지고 연구하는 과정에서 먼 거리에 있는 물체를 손상시키거나 파괴하는 빔 또는 광선인 '텔레포스 광선teleforce ray' 개념을 만들어낸 것 같다. 늘 그렇듯 언론은 과장을 섞어 이 광선을 '살인광선'이라고 불렀다.

한편 테슬라는 나이가 들면서 점점 더 군의 후원을 받아내려고 안간힘을 썼고, 살인광선에 대한 그의 주장 또한 점점 더 상식을 벗어날 만큼 대담해졌다. 1924년에 그는 자신의 텔레포스 광선으로 날고 있는 비행기를 멈추게 할 수 있다고 주장했다. 1934년에 이르러서는 자신의 무기로 400킬로미터 떨어진 곳을 날고 있는 비행기 1만 대를 파괴할 수 있으며, 미국 전역의 전략 요충지 열두 곳에 텔레포스 광선 기지를 세우면 미국 전체를 완벽하게 방어할 수 있다고 큰소리쳤다. 그는 심지어 텔레포스 광선은 우주를 통과해 달 표면까지 도달할 수 있다고 주장했다.

여기서 우리는 '스타워즈 미사일 방어 시스템'으로 더 잘 알려진 1980년대 미국의 전략방위구상 같은 근래의 기술 발전에 대해 떠올리지 않을 수 없다. 그 전략방위구상을 계승한 오늘날의 미사일 방어 계획도 포함해서 말이다. 게다가 1962년 실제로 달 표면까지 가 닿은 에너지 광선은 테슬라의 살인광선과 매우 비슷해 보인다. 그런데 그렇다고 해서 테슬라가 실제 살인광선을 발명했다는 뜻일까? 또 만일 그렇다면 테슬라의 살인광선이 실은 레이저 비슷한 것이었다는 말일까?

실제로 테슬라는 여러 형태의 광선 또는 빔 기술을 생각했던 것 같다. 아마 진공관을 가지고 입자 가속과 X선을 발생시키는 연구를 하는 과정에서 X선, 전자기파, 레이저 또는 입자 빔 무기(원자 또는 소그룹의 원자들로 이루어진 이온을 매우 빠르게 가속시켜 표적을 타격하는 무기) 등을 생각해냈을 것이다. 가장 권위 있는 테슬라 전기 작가 중 한 사람인 마가렛 체니Margaret Cheney는 테슬라가 레이저를 염두에 두고 연구를 했다는 증거는 없다고 주장한다. 그러나 다른 전기 작가들은 루비 레이저(인조 루비의 결정을 이용하는 고체 레이저)가 테슬라의 단극 진공관 작동과 거의 유사한 방식으로 만들어진다는 사실을 지적하면서 그녀의 말에 동의하지 않는다. 그들의 주장에 따르면 테슬라는 고전압의 전기장이 대기에 미치는 영향에 대해 연구했는데, 따라서 이온화 방사선이나 전기장을 이용해 이온화된 공기 통로들을 만들었을 것이고, 어쩌면 그것들이 번개같이 강력한 전기 에너지를 만드는 전기 도관 역할을 했을 거라는 것이다.

어쩌면 테슬라가 실제 이런 사항들을 고려하고 있었을 수도 있다. 그러나 그가 1937년에 쓴 「자연 매개체를 통해 응집된 비분산형 에너지를 투사하는 새로운 기법」이라는 제목의 논문에서 확인한 바에 따르면, 테슬라는 고에너지 입자 빔 무기를 개발한다는 아주 야심찬 계획을 갖고 있었다. 그 논문에서 테슬라는 30미터 높이의 탑 모양을 한 슈퍼 무기에 대해 설득력 있게 설명하고 있다.

그 탑에는 밴 더 그래프Van de Graaf 발전기 같은 거대한 발전기가 들어 있고, 발전기 안에는 67미터 길이의 원형 진공실이 있는데, 그 진공실은 아주 높은 전압의 정전하를 만들어내는 기류 벨트 역할을 했다. 그러면 그것이 다시 탑 꼭대기의 회전식 포탑에 장착된 슈퍼건을 움직이고, 그 슈퍼건은 한쪽이 트인 진공관이 고속 가스 제트로 봉해져 있다가 터지면서 초속 12만 1,920미터의 속도로 극미한 텅스텐 입자들을 발사하게 된다.

테슬라는 1934년 한 기자와의 인터뷰에서 이 슈퍼건에 대해 암시하는 듯한 말을 했었다. "나의 이 새로운 광선 무기는 아주 미세한 총알들을 엄청난 속도로 날려 보내는데 … 탑 전체가 대포로, 현존하는 그 어떤 대포와도 비교가 안 될 만큼 강력합니다." 그의 슈퍼건 계획 중 일부는 오늘날의 휴대폰 극초단파 수신기에 반영되고 있지만, 테슬라의 그 무기가 제대로 작동했는지, 또는 대기 중에서 에너지가 흩어지고 분산되는 문제는 극복한 것인지는 분명치 않다. 가장 현실성 있는 시나리오는 텔레포스 광선과 슈퍼건과 관련된 테슬라의 주장은 실추되어가는 자신의 인지도를 높이고 투자를 끌어들이기 위해 지어낸 SF 소설에 지나지 않았다는 것이다.

▲ 니콜라 테슬라의 발명품을 모아놓은 홍보물. 가운데에 에너지 발사 탑이 보인다.

살인광선 사나이

영국의 발명가 해리 그린델 매튜스도 테슬라 못지않았다. 그는 '제2의 테슬라'라 부를 수 있는 인물로, 살인광선과 관련해서는 테슬라 못지않았다. 그린델 매튜스는 영국 무선 분야의 선구자로, 초기의 경력은 아주 뛰어나 운명이 좀 더 그의 편을 들어주었다면 아마도 오늘날 큰 성공을 거둔 발명가로 기억될 수도 있었을 것이다.

1920년대 초에 그는 무성 영화에 소리를 집어넣는 아주 정교한 장치를 발명했으며, 투자만 제대로 이뤄졌다면 영국은 전 세계 영화 산업의 중심지가 될 수도 있었을 것이다. 그러나 유성 영화에 대한 그린델 매튜스의 모험은 결국 아무런 결실도 맺지 못했다.

그는 1923년 새로운 군사기술 개발을 선언함으로써 대중의 관심도 끌고 투자도 유치하기 위한 대담한 시도를 하고 나섰다. 그런데 그 당시 독일 영토 위를 날던 프랑스 비행기들이 알 수 없는 이유로 엔진 고장을 일으킨다는 기사가 연일 신문지면을 장식했다. 그린델 매튜스는 그 이유가 독일의 강력한 무선 송신기들에서 나오는 전파 때문이라고 생각했고, 그러한 현상을 이용해 지금까지와는 전혀 다른 파괴적인 무기를 만들 수 있을 거라고 믿었다. 점점 커져가는 공습의 위협으로부터 영국을 지키고, 그 결과 사실상 전쟁 자체를 무력화시키게 될 무기 말이다.

몇 주도 안 돼 그린델 매튜스는 자신이 화약을 폭파시키고 램프에 불이 들어오게 하며 20미터 거리에서 해충을 죽일 수 있는 장치를 개발했다고 주장했다. 그는 또 실험이 진전되면서 자신이 판유리를 녹였고 오토바이 엔진을 멈추게 했으며, 심지어 실수로 광선이 지나가는 길에 들어선 조수를 기절시켰다고 주장했다.

새로운 무기에 대한 이야기는 곧 기자들의 귀에도 들어갔고, 그린델 매튜스가 어쩔 수 없이 그 기자들 중 한 명 앞에서 새로운 무기 시범을 보이면서 모든 신문이 그 소식을 대서특필했다. 언론에서는 그린델 매튜스를 '살인광선 매튜스'라 불렀고, 그는 다소 과장된 어조로 이렇게 탄식했다. "언론은 왜 나를 살인광선 사나이라고 부르는 걸까요? 내가 온통 다른 사람을 해칠 생각만 하는 파괴의 괴물이란 말입니까?"

사실 그는 자신의 인지도를 높이고 관계 당국의 투자를 끌어내기 위해 노골적으로 언론을 상대로 장난을 쳤다. 그리고 선정적인 기사를 좇는 기자들은 점점 대담해지는 그의 주장을 독자들에게 그대로 전달했다. 그는 이렇게 큰소리쳤다. "장담컨대, 나는 개발에 필요한 시설들만 갖춘다면 날아가는 비행기도 멈추게 할 수 있습니다. 나는 이 광선이 비행기를 폭파하고 화약고를 날려버릴 만큼 강력하다고 믿습니다."

언론의 압력을 심하게 받은 데다 다른 나라에서 그린델 매튜스의 살인광선을 차지할까 두려워 한 영국 공군성은 마지못해 그린델 매튜스의 광선 실연에 참관하기로 했다. 하지만 1924년 4월 자신의 실험실에서 이뤄진 광선 실연에서 그는 참관한 군 관계자들에게 별다른 감흥을 주지 못했다. 전구에 불이 들어오게 하고 오토바이 엔진을 멈추게 한 것 외에는 보여준 게 없었던 것이다.

그린델 매튜스는 광선 실험 조건들을 바꿔보자는 참관인들의 제안을 계속 이런 저런 이유를 대며 회피했고, 결국 그 다음 날 공군성에서 열린 회의에서 정부 관계자들은 뭔가 수상쩍다는 데 의견의 일치를 봤다. 영국의 정보기관 MI5 요원이었던 걸로 보이는 애플턴Appleton이라는 사람은 그린델 매튜스는 사기꾼이라며 이렇게 말했다. "그는 언론을 갖고 놀다가 결국 자제력을 잃고 말았습니다."

이후에도 그린델 매튜스에게 계속 추가 실험을 해보자는 제안이 있었지만, 그는 계속 더 이상의 실험은 필요 없다며 거절했다.

그린델 매튜스의 입장에서 보자면, 정부 측에서 공평하고 공정한 실험을 할 거라는 믿음이 없었다. 그는 심지어 익명의 사람들로부터 추가 실험은 함정이라는 경고를 들었다고 주장하기도 했다. 그러나 모든 것은 그해 5월 27일 끝이 나고 말았다. 공군성의 한 관계자가 마지막으로 광선 실험 일정을 잡아보려고 그린델 매튜스의 연구실을 찾아갔을 때 사무실에는 한 무리의 성난 사업가들밖에 없었다. 그들은 그린델 매튜스의 후원자들이었는데, 투자를 해도 아무런 결과나 보상이 없자 좌절한 나머지 그날 아침 '살인광선'에 대한 모든 권리를 그들에게 양도하라는 법원 명령을 받아낸 상태였다. 관련자들이 차 한 대에 억지로 끼어 앉아 그린델 매튜스의 행적을 좇아 크로이던 공항까지 달려갔으나, 그는 이미 프랑스행 비행기에 몸을 싣고 떠난 뒤였다.

언론은 그린델 매튜스를 지지하고 정부는 그가 적절한 실험에 응해야 한다고 주장하는 등 그 이후에도 논란은 계속 이어졌다. 그리고 프랑스와 영국의 다른 투자자들이 막대한 돈을 그 발명가에게 투자하겠다고 제안했으나, 살인광선을 발명했다고 주장하면서도 그린델 매튜스는 만족할 만한 실험을 해달라는 제안을 계속 거절했다. 결국 그렇게 해서 영국에서는 살인광선에 대한 관심이 사그라들었으나, 그린델 매튜스는 미국인들이 자신의 무기에 대해 더 우호적이라는 사실을 알게 됐고, 그래서 〈살인광선〉이라는 다큐드라마에 출연하는 데 동의하기도 했다. 그러면서 그는 살인광선의 사거리를 8킬로미터에서 13킬로미터 정도로 늘릴 생각이며, "내 광선이 가 닿는 순간 비행기는 화염에 휩싸이며 추락하게 될 겁니다"라면서 미국과 영국 언론을 상대로 계속 거창한 주장을 펼쳤다.

Mr. MATTHEWS
laisse photographier son rayon ardent

ON A ENCORE PRÉSENT A LA MÉMOIRE LE FAMEUX RAYON INVISIBLE SI DISCUTÉ, AU MOYEN DUQUEL ON POURRAIT, DE TERRE, BRULER DES AVIONS VOLANT EN PLEIN CIEL OU FAIRE EXPLOSER A DISTANCE LES DÉPOTS DE MUNITIONS. VOICI M. GRINDELL MATTHEWS, SON INVENTEUR, DANS SON LABORATOIRE.

◀ 자신의 화염 광선 홍보의 일환으로 찍은 그린델 매튜스의 사진.

▼ 그린델 매튜스의 초창기 발명품들을 보여주는 홍보물 사진.

L'EXPLOSION DANS LE LABORATOIRE

NOTRE SCÈNE DE DROITE REPRÉSENTE L'EXPLOSION DE POUDRE A DISTANCE DANS LE LABORATOIRE. SI INTÉRESSANT QUE SOIT LE FILM, IL NE SAURAIT CONSTITUER UNE DÉMONSTRATION SCIENTIFIQUE.

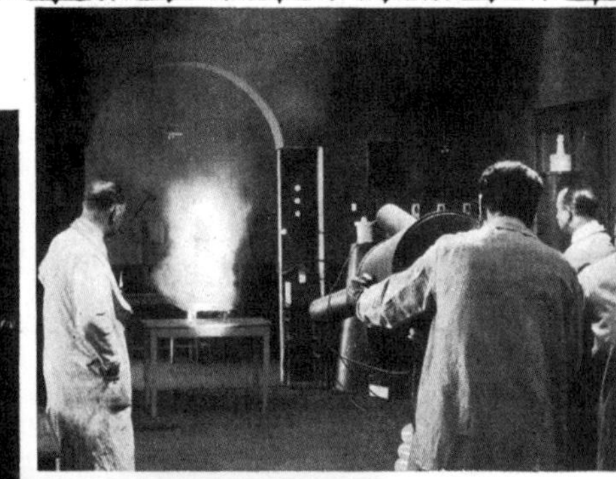

LE RAYON A LA POURSUITE DE L'AVION

M. G. MATTHEWS A LAISSÉ FILMER SES APPAREILS, DONT NOUS AVONS DONNÉ IL Y A QUELQUES MOIS UN FORT EXACT DESSIN. NOUS PUBLIONS AUJOURD'HUI UNE ÉPREUVE DU FILM OU L'ON VOIT (A GAUCHE) LA BOITE MYSTÉRIEUSE D'OU SORTIRAIT LE RAYON ET LES GROUPES ÉLECTROGÈNES QUI CONTRIBUERAIENT A SA PRODUCTION. AJOUTONS QUE L'EXPERT OFFICIEL AMÉRICAIN, ENVOYÉ PAR LA CHAMBRE DES REPRÉSENTANTS, VIENT DE DÉCLARER, COMME LES EXPERTS DU GOUVERNEMENT ANGLAIS, QUE LE RAYON N'EXISTAIT PAS.

살인광선과 관련해 밝혀지지 않은 많은 의문 가운데 하나는 그 무기의 작동 원리였다. 그러나 몇 가지 힌트가 될 만한 것이 있다. 언젠가 그린델 매튜스는 살인광선이 두 종류의 빛줄기를 사용하는데, 그 하나는 '운반 에너지'이고 다른 하나는 '파괴 에너지'라고 했다. 그는 또 살인광선은 뇌우처럼 공간 사이로 전력을 실어 나를 수 있다고 했다. 이런 단서들로 미루어 볼 때, 그린델 매튜스는 빛이나 초고압 전기를 이용해 이온화된 공기 통로를 만들어내려 한 것으로 보인다. 그러니까 이온화 공기 통로가 전도체 역할을 해 전하가 그 속을 날아가 표적을 무력화시킨다는 것이다. 이는 기본적으로 뇌우가 칠 때 일어나는 현상과 같다. 뇌우와 땅 사이에 생겨난 엄청난 양의 전압이 일종의 플라스마 띠를 형성해 그걸 따라 전류가 이동하면서 낙뢰가 발생하는 것이다.

전류가 이온화된 통로을 통해 이동하는 것은 테슬라가 자신의 살인광선인 텔레포스 광선을 만들어내려고 이용한 원리들 중 하나이기도 하다. 그린델 매튜스는 1924년 "현재 제가 하고 있는 실험들은 테슬라의 영향을 받은 바 큽니다"라는 말로 테슬라가 자신의 살인광선 개발에 영향을 주었다는 것을 솔직하게 인정했다. 그러면서도 그는 자신의 광선은 테슬라의 광선과는 상당히 다르다고 말했다. 더 나아가 그는 '내게 늘 영감을 주고 있으며 가장 큰 희망의 원천이 돼주고 있는 사람'이며 또 '내게는 현재 지구상에서 가장 위대한 사람'이라며 테슬라를 칭송했다.

테슬라는 그런 칭송에 별 반응을 하지 않았으나, 1934년 그린델 매튜스의 살인광선에 대해 자세히 들은 뒤 이런 말을 했다. "그런 광선을 만든다는 건 불가능합니다. 나 역시 오랜 세월 그 아이디어를 실현해보려고 애썼지만, 결국 내 무지만 깨닫게 됐고…." 테슬라의 말은 맞는 말이었다. 만일 그린델 매튜스가 플라스마 채널을 만들어 그걸 이용해 전기를 보낼 계획이었다면, 아마 그 계획은 사실상 불가능하다는 결론에 도달하게 됐을 것이다. 오늘날의 가장 뛰어난 기술로도 번개 비슷한 걸 만들어낸다는 건 아주 힘든 일이며, 특히 그 번개가 먼 곳에 있는 움직이는 표적을 때린다는 것은 더더욱 힘든 일이다. 결국 테슬라의 말처럼 그린델 매튜스

▶ 2015년 영화 〈스타워즈: 깨어난 포스〉에서 스톰트루퍼들이 레이저 무기를 쏘고 있는 장면.

의 주장은 사실보다는 사변 소설에 더 가까웠으며, 그래서 살인광선과 그 비슷한 에너지 무기들은 한동안 SF 소설에 더 자주 등장하게 된다.

레이저의 발명

1930년대에 지향성 에너지 무기는 SF 소설의 단골 메뉴였다. 존 W. 캠벨의 1932년 소설 「우주 광선들Space rays」에는 아주 다양한 광선 무기가 나오는데, 이를 두고 잡지 편집자 휴고 건스백Hugo Gernsback은 이런 말을 했을 정도였다. "그가 혹 어떤 색깔의 광선을 빼먹는다거나 또는 기적적인 일을 해내는 어떤 마법의 광선을 빼먹는다 해도 우리는 아마 그걸 알아채지 못할 것이다." 건스백은 캠벨이 자신의 이야기에 온갖 광선을 마구잡이로 등장시킨 것은 일종의 풍자라면서 "캠벨은 지금 실현 가능성이나 과학적 근거 같은 걸 전혀 생각하지 않는 일부 몰지각한 작가들을 풍자하고 있는 것이다"라고도 했다. 그런 몰지각한 작가들은 양심 바른 당시의 다른 많은 작가들 입장에서도 큰 골칫거리였다. 건스백은 1,500만 마력이라는 엄청난 에너지를 이 공간에서 저 공간으로 날린다는 것은 말도 안 된다면서 그 모든 실현 불가능한 광선들을 터무니없는 망상이라고 폄하했다.

최초의 레이저는 1959년까지도 발명되지 않았는데, 레이저가 지금처럼 전통적인 지향성 에너지 무기로 여겨지기까지는 거의 30년이 더 지나야 했다. 또한 'Light

▶ 초기의 레이저 실험. 레이저 발생 매체 막대에서 광선이 일관성 있게 방출되고 있다.

Amplification by Stimulated Emission of Radiation(복사 유도 방출을 통한 빛의 증폭)'이라는 말의 머리글자를 딴 'LASER(레이저)'라는 용어가 처음 만들어진 것도 1959년의 일이었다.

레이저는 내내 같은 파장을 유지한 채 정확하게 같은 방향으로 움직이는(소위 일관성을 가진) 빛의 줄기이다. 그래서 레이저는 에너지를 한 치의 오차도 없이 정확하게 표적까지 이동시킬 수 있다. 레이저를 생성하는 비결은 '레이저 발생 매질'이라는 물질에서 내내 같은 파장을 가진 빛의 광자들을 쏟아내게 한 뒤, 그것들을 모두 같은 방향으로 움직이게 하는 데 있다.

최초의 레이저는 1960년 미국 캘리포니아 주 말리부 휴즈연구소에 근무하던 시어도어 메이먼Theodore Maiman에 의해 만들어졌는데, 당시 메이먼은 제논 플래시 램프(일종의 정교한 형광등) 코일로 감싼 인조 루비 막대를 레이저 발생 매질로 이용했다. 플래시 램프에서 에너지를 띤 광자들이 루비 속으로 쏟아져 들어가며 루비 원자 주변의 전자들을 자극했고, 그 전자들이 다시 에너지를 띤 한 가지 파장의 양자들을 쏟아낸 것이다. 루비에는 각각의 끝에 거울이 있어서 양자들은 루비 막대를 따라 왔다 갔다 했으며, 그러면서 계속 한 가지 광선을 만들어냈다. 그리고 한쪽 끝에 있는 거울은 은으로 도금돼 있어 아주 강력한 광선만이 레이저 형태로 그것을 통과할 수 있었다. 이 레이저는 이미 몇 년 전 극초단파 증폭기(메이저)를 이용해 실험한 원리 그대로 만들어졌으며, 따라서 메이저를 발명한 찰스 타운스Charles Townes야말로 레이저의 공동 특허권자로 인정해주어야 할 것이다.

레이저는 SF 분야와 과학 분야 모두에 엄청난 영향을 주었으나 역시 SF가 과학보다 한 걸음 앞서갔다. 이제 광선총이 아닌 레이저 무기가 SF에 주로 등장하는 무기가 되었다. 그런 흐름은 이후로도 한동안 계속되다가 1980년대에 들어와 〈블레이드 러너〉와 〈에이리언〉 같은 영화가 나오면서 미래 기술에 대한 보다 섬뜩한 전망 속에 각종 최첨단 무기들이 선을 보인다. 그러나 그런 상황에 이르기도 전에 일반 대중은 이미 영화 〈스타트렉〉에 나온 페이저 피스톨이나 〈스타워즈Star wars〉

에 나오는 한 솔로가 휴대하고 다니는 헤비 블레스터 같은 레이저 무기에 익숙해진다.

대즐러 레이저와 드론 공격용 레이저

현실 세계에서는 레이저, 특히 군사용 레이저를 개발하기 위한 연구에 수백만 달러가 투입됐다. 빛처럼 빠른 속도, 한 치의 오차도 허용하지 않는 정확도, 쭉 뻗은 직선 궤도, 표적 및 타격 의도에 따라 강도를 조절할 수 있는 융통성, 건당 낮은 발사 비용, 거의 무궁무진한 탄약 등 레이저 무기에는 그야말로 모든 걸 뒤바꿔놓을 만한 잠재력이 있었다. 그래서 일시적으로 적의 눈을 멀게 하거나 주의를 분산시키고, 장갑을 꿰뚫고, 센서를 무력화시키고, 표적을 포착하고, 대륙간탄도미사일처럼 아주 빠른 표적들을 저지하기 위한 각종 레이저 무기를 개발하기 위한 군사 목적의 연구가 진행되었다. 그리고 특히 대륙간탄도미사일을 막을 수 있는 레이저 무기를 개발하기 위해 미국 군부는 레이건 대통령 시절 '스타워즈' 프로젝트에 착수하기도 했다. 이 프로젝트는 우주 공간에 레이저 무기들을 띄워 소련의 미사일을 무력화시키거나 파괴함으로써 미국과 그 우방국들에게 난공불락의 미사일 방어망을 제공하는 것이 목적이었다.

▼ 이제 레이저로 표적을 겨냥하는 것은 조준 사격 장치에서는 흔한 일이 되었다.

그러나 이런 계획들은 효과적인 레이저 무기 개발을 가로막는 여러 장애 요인들 때문에 아직도 제대로 실현되지 못하고 있다. 충분한

▲ 가까운 미래에 현실화될 가능성이 아주 높은 군사용 레이저 관련 상상화.

+3
+2
+3
+2

전력 공급, 무기 운용 온도, 사거리, 정확도 같은 것들이 믿을 수 없을 만큼 해결하기 힘든 문제라는 것이 밝혀진 것이다. 예를 들어 장거리 표적의 경우 레이저 자체의 불안정성은 물론 대기의 불안정한 흐름으로 광선의 직진성을 약화시키고 초점을 잃게 한다. 또 표적에 연속적으로 레이저 광선이 닿으면 플라스마 구름이 생겨나 보호막 역할을 해 광선 자체의 파괴력이 줄어들게 되기 때문에 장갑차 등의 강철판을 관통하기 위해서는 펄스 레이저(수백 마이크로초 이내로 순간적으로 빛을 내는 레이저) 방식을 사용하기도 한다. 또 레이저 발생 매질의 특성으로 인한 문제도 있다. 레이저는 매질의 종류에 따라 기체 레이저, 액체 레이저, 고체 레이저, 반도체 레이저, 화학 레이저 등으로 나뉘는데, 그중 고체 레이저용 매질은 다루기가 비교적 쉽지만 쉽게 가열된다는 단점이 있고, 화학 레이저는 위험한 휘발성 반응 물질을 사용하는 경우가 많으며, 또한 냉각 기술, 표적 획득 및 추적 기술, 무엇보다 막대한 전력 공급이 가장 큰 문제다.

군사용 레이저는 아주 큰 에너지가 필요하기 때문에 커다란 배터리 팩이나 발전發電 장비가 필요하며, 따라서 휴대성과 실용성을 갖추기가 힘들 수밖에 없다. 그래서 사실상 SF에 나오는 휴대용 레이저 무기들은 현실화하기가 아주 어렵다. 또한 에너지 농축도가 높은 동력 발생 장치를 쓴다 해도 그 크기가 너무 크고 또 아주 위험해 전투 중 피격당하면 엄청난 폭발을 일으킬 수도 있다. 그래서 그런 파워팩이 있다면 광선 무기보다는 차라리 수류탄으로 쓰는 게 더 낫겠다고 비아냥거리는 목소리도 있었다. 이런 와중에 소련은 예외적으로 우주비행사들에게 제공할 목적으로 플래시 전구형 단일 펄스 레이저 권총을 개발하기 위한 프로그램을 진행했지만, 그다지 큰 진전은 없었다.

대함미사일 방어용 레이저처럼 적의 탐지 능력을 무력화시키는 '대즐러dazzler' 레이저 외에 다른 레이저들은 아직 실전에 적용되지 못하고 있다. 그러나 설사 앞으로 10년 뒤 레이저가 널리 쓰이는 군사 무기가 된다 해도 그것은 어디까지나 무인 항공기를 비롯한 드론 공격용 레이저 무기이지 일반 대중이 상상하는 탱크나

비행기를 괴멸시키는 레이저 무기는 아닐 것이다.

레이저의 실전 배치를 어렵게 만드는 또 다른 요인은 무기에 대한 국제 협약이다. 과도한 인명 피해를 초래하는 무기는 비인도적인 것으로 간주되는데, 레이저 기술은 현재 즉각적으로 사망을 유발할 만큼 강력하지는 않지만 시력을 손상시켜 신체에 영구적인 상처를 주기 때문에 인명 살상용으로는 사용이 금지되고 있다.

그러나 또 이 같은 이유로 레이저 기술은 그간 군중을 해산시키거나 사람들을 몰아내는 데 쓰이는 비살상용 무기를 연구하는 사람들이 관심을 갖는 기술이 되었다. 극초단파 레이저를 포함한 레이저는 고통과 스트레스를 유발하기 때문에 표적을 분산시키는 다양한 지향성 에너지 무기(음파 무기 등) 중 하나다. 이런 군중 통제용 레이저는 표적에 닿으면 즉시 타버리는 H. G. 웰스의 화성인들이 사용한 열 광선과 작동 방식이 유사하다. 차이가 있다면 화성인들의 열 광선이 에너지가 훨씬 크다는 것이다. 그런 면에서 화성인들은 윤리적인 문제는 물론이고 전력 공급, 에너지 변환 효율성, 과열 및 냉각, 적응 제어 광학 등 여러 기술적 장애들을 극복한 것으로 보인다.

08

드론과 킬러 로봇

테슬라의 텔오토마톤에서
미군의 프레데터 드론까지

이제는 어디서나 볼 수 있는 프레데터Predator 드론은 현재 미국 군사력의 상징물이 되었다. 이러한 원격조종 무인 드론은 빠른 속도로 전 세계 군사 강국들의 필수 무기가 돼가고 있다.

드론은 수상과 수중을 넘나드는 함선, 지상용 차량에도 도입되고 있지만, 아직까지 대중에게 가장 익숙하고 일반적인 드론은 뭐니 뭐니 해도 역시 무인 항공기일 것이다. 2005년에는 미국 군용기 중 겨우 5퍼센트가 무인 항공기였으나 현재는 십중팔구 무인 항공기가 유인 항공기 숫자보다 많을 것이다.

오스트리아는 1849년 이탈리아 베네치아를 공격하던 중 조종사 없이 폭탄만 가득 실은 무인 기구를 날려 보냈다고 주장하지만, 그걸 최초의 무인 항공 무기라고 보기는 어렵다. '조종 가능한 무인기'라는 일반적인 드론의 개념에는 분명 맞지

▲ 1935년에 최초로 등장한 초기형 무인 항공기 퀸 비와
항공기를 원격조종하는 사람들.

않기 때문이다. 제1차 세계대전 중에도 원격조종되는 비행기를 개발하기 위한 일련의 시도들이 있었는데, 그중 하나가 영국 육군 항공대 엔지니어 아치볼드 몽고메리 로우Archibald Montgomery Low가 설계한 자폭용 비행기다. 그는 원격조종으로 독일에서 세계 최초로 개발한 경식 비행선 체펠린Zeppelin을 격추하려 했으나 끝내 개발에 성공하지 못했다. 또 다른 예로는 1915년 미국 발명가 엘머 스페리Elmer Sperry가 만든 공중어뢰를 들 수 있다. 이 공중어뢰는 가벼운 무게의 동체에 폭탄을 가득 싣고 자이로스코프gyroscope(바퀴의 운동량에 의해 틀이 기울어지더라도 원래 위치는 유지되는 성질을 이용한 장치) 방식으로 안정된 비행 상태를 유지했다. 그러나 대부분의 군사 연구가들은 무인 항공기가 처음 출현한 시기를 제2차 세계대전 때로 꼽는다. 독일의 아구스 아스 292Argus As 292, 영국의 퀸 비Queen Bee 그리고 미 해군 무인항공기 TDR-1 등에 무선 제어 장치가 장착되어 원격조종이 가능했다.

이 모든 것에도 불구하고 오늘날 널리 받아들여지고 있는 드론과 자율형 무기의 개념은 SF와 과학적 사실 그 사이 어딘가에 뿌리를 두고 있다. SF와 과학적 사실의 경계 영역을 연구한 대표적인 인물은 잡지 편집자이자 SF 작가로 과학의 대중화에 앞장섰던 휴고 건스백인데, 그는 그처럼 SF와 과학적 사실이 공존하는 영역을 '사이언티픽션scientifiction'이라고 불렀다. 그는 자신이 만들던 잡지 『일렉트리컬 익스페리먼터Electrical experimenter』에 현실을 기반으로 SF적 요소가 섞인 최첨단 기술에 관한 기사들을 주로 써서 이 장르를 대변했다.

자율형 무기 또는 드론형 무기

휴고 건스백은 자율형 무기 또는 드론형 무기라는 개념을 생각해냈는데, 그걸

▶ 휴고 건스백의 잡지에 나오는 '하늘을 나는 둥근 톱'. 비현실적이기는 하지만 초창기 드론이 싸우는 모습을 극적으로 표현했다.

A GERNSBACK PUBLICATION

AIR WONDER STORIES

APRIL

1930

25 CENTS

HUGO GERNSBACK
Editor

"The Flying Buzz Saw"
by H. McKAY

Other Science Aviation Stories by Edmond HAMILTON
George Allan ENGLAND
Lowell Howard MORROW

가장 잘 구현한 것이 바로 1918년 『일렉트리컬 익스페리먼터』 10월호에 소개한 '오토매틱 솔저automatic soldier(자동 병사)'다. 건스백은 이렇게 말했다. "과학이 발전하면서, 또 현대전에 온갖 종류의 잔혹한 무기들이 다 등장하면서 최전선 참호 속 병사들은 고성능 폭탄과 가스, 화염 등 온갖 무기에 속수무책으로 노출되고 있다." 그러면서 그는 이렇게 제안한다. "이제 온갖 폭탄들로부터 안전하고, 화염이나 가장 치명적인 가스도 개의치 않을 그런 강력한 병사가 필요하다."

신원 불명의 덴마크 엔지니어가 출원했다는 한 특허를 인용하면서 건스백은 모든 것이 자동화되고 무장한 고정식 무기 플랫폼인 오토매틱 솔저에 관한 개념을 설명했다.

최전방 참호 속에 숨어 있는 건스백의 오토매틱 솔저는 포탄에 견딜 수 있도록 방탄 이 중 텅스텐강으로 되어 있고, 상단은 개폐식 돔 형태로 되어 있다. 또 항공 정찰대의 지시에 따라 최전선에서 어느 정도 떨어져 있는 조종수가 무선으로 원격 조작할 수 있었다. 일단 발사 명령이 떨어지면 상단의 돔을 참호 위로 올라가게 해 참호로 다가오는 불운한 적군들 머리 위로 막강한 화력을 퍼붓는다. 건스백에 따르면 최전방에 배치되는 이 오토매틱 솔저에는 기관총이 장착되었으며, 여섯 문당 한 문 꼴로 독가스 살포기도 장착되었다. 그리고 이러한 장치들은 배터리와 압축 공기 구동 장치로 작동되었다.

건스백은 이렇게 확신했다. "조만간 이런 오토매틱 솔저들이 전선의 전략 요충지들에 등장하지 않는다면 오히려 그게 더 놀라운 일이 될 것이다." 그런데 실제 이 자동화된 기관총 진지는 실전에 도입된 적이 없는데, 그것은 곧 이동식 장갑 차량과 탱크 등이 나타나 교착 상태에 빠져 있던 참호전의 양상을 완전히 바꿔 놓았

▶ 전투 중인 휴고 건스백의 오토매틱 솔저들. 이들은 일종의 자동화된 기관총 진지라고 보면 된다.

OCT.
1918
15 CTS.

ELECTRICAL EXPERIMENTER

SCIENCE AND INVENTION

OVER
175
ILLUST.

REG. U.S. PAT. OFF.

THE AUTOMATIC SOLDIER

SEE PAGE 372

기 때문이다. 그러나 오늘날 어떤 상황하에서는 자동 기관포탑을 흔히 볼 수 있는데, 해군 함정이나 지상의 대공 포대가 그 좋은 예다.

오토매틱 솔저라는 미래의 드론 무기를 예견한 사람은 건스백만이 아니었다. 그는 잡지 『사이언스 앤 인벤션Science and invention』 1924년 5월 호에서 원격조종 무인 경찰 로봇인 '무선 경찰 오토마톤Radio Police Automaton'을 소개했다('오토마톤'은 '로봇'이라는 말이 널리 쓰이기 전에 쓰던 용어다). 무선 경찰 오토마톤은 개념상 폴 버호벤 감독이 1987년 만든 영화 〈로보캅〉에 나온 '경찰 드로이드'의 전신이라 할 수 있다. 건스백의 소설에서는 거대한 로봇이 양손에 곤봉을 쥐고 마구 휘두르자 공포에 질린 군중들이 앞다투어 도망치는 다소 디스토피아적인 세계관을 보여준다. 무한궤도로 움직이고 가솔린 엔진으로 작동하는 이 로봇은 무선으로 원격조종되며, 확성기와 강력한 조명 그리고 최루가스 탱크를 장착하고 있다.

니콜라 테슬라의 텔오토마톤

휴고 건스백은 니콜라 테슬라가 자신의 영감의 원천이라는 사실을 널리 알렸고, 테슬라는 건스백의 잡지에 미래를 예측하는 글은 물론 자신의 자서전 내용 중 일부를 기고하기도 했다. 사실 테슬라는 이미 오래전에 건스백이 구상한 자율형 무기의 개념 일부를 예견했으며, 20년 전에 시제품들을 만들기까지 했다. 그것이 바로 1898년 뉴욕 매디슨 스퀘어 가든에서 열린 국제전기박람회에서 선보인 텔오토마톤TELAUTOMATON이다.

테슬라는 물을 채운 수송관으로 메시지를 전 세계에 빠르게 보내는 시스템, 적도를 중심으로 지구를 도는 거대한 우주 고리, 입자 가속기 살인광선 같은 초현대적인 발명품을 구상했던 방탕한 천재였다.

테슬라는 1893년에 이미 전파를 송수신할 수 있는 장비를 발명했으며, 현재 최초의 무선전신이라고 알려진 실험을 실연해 보이기도 했다. 이는 이탈리아 전기공학자이며 후에 노벨 물리학상을 수상한 굴리엘모 마르코니Guglielmo marconi가 최초

◀ 전성기 시절의 니콜라 테슬라.

로 실연했다는 시기보다 2년이나 앞선 것이었으나, 테슬라보다 덜 완벽주의자였던 마르코니가 한발 앞서 상업성 있는 무선전신 장치의 특허를 내게 된다. 사실 마르코니는 테슬라의 특허와 이론을 토대로 돌파구를 찾았지만, 그는 결코 그 사실을 인정하지 않았으며, 오히려 '세기의 소송'을 통해 테슬라의 특허들에 이의를 제기한다. 그러나 그 소송은 결국 테슬라의 승리로 끝나는데, 그건 이미 두 사람이 세상을 떠나고 한참 뒤의 일이었다.

테슬라는 많은 무선 실험들을 통해 멀리 떨어져 있는 장치에 무선으로 제어 신호를 전송할 수 있다는 확신을 갖게 됐다. 그리고 1898년에는 마침내 그런 연구 결과를 토대로 '텔레로보틱스telerobotics'라는 완전히 새로운 개념을 만들어내 '텔오토마톤'이라는 원격조종 배의 모형을 선보였다. 이 모형은 단순한 장난감 수준을 훨

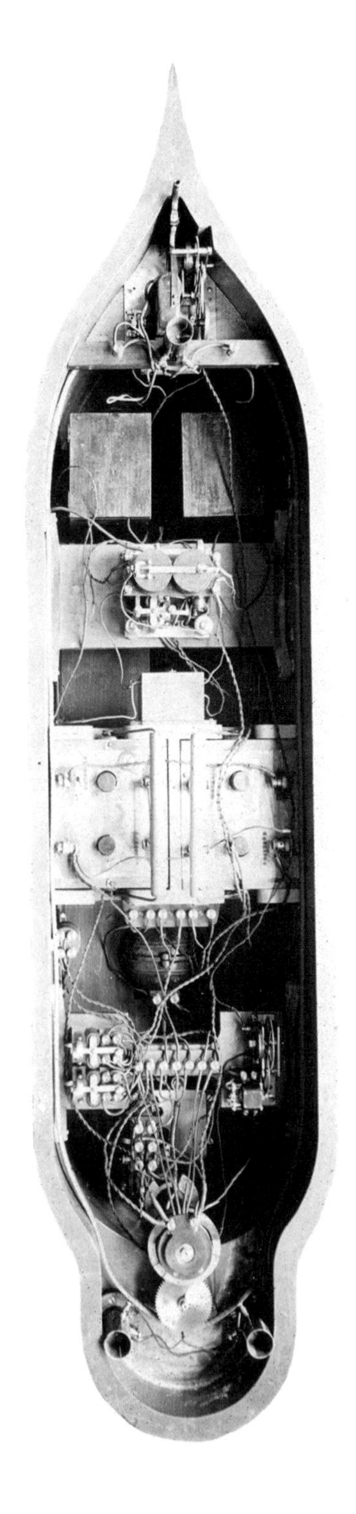

씬 뛰어넘는 것이었다. 무선 전송된 동력으로 움직였을 뿐 아니라 불빛과 모터 등을 정교하게 제어하는 장치가 있어서 복잡한 동작들까지 수행해냈다. 그러나 그 배는 다양한 주파수로 정확하게 암호화된 무선 전송이 이뤄질 때에만 제대로 작동했다. 어쨌든 테슬라의 텔오토마톤은 케이블 텔레비전에서부터 차고 문 개폐기까지 변조되고 암호화된 무선 신호를 사용하는 모든 장치의 먼 조상이자 현대 무인 항공기의 기원이 되었다.

1898년 모형은 시작에 불과했다. 테슬라는 훨씬 더 많은 자율성을 가진 보다 진보된 로봇, 그러니까 일종의 인공지능을 꿈꾸었다. 그는 1919년에 확신에 차서 이렇게 말했다. "이성을 가지고 스스로 생각하고 행동하는 오토마톤을 볼 날이 머지않았다. 기계공학의 새로운 시대를 여는 서막이 될 것이다." 테슬라에 의하면 텔오토마톤은 지구상에 최초로 등장한 비유기적 생명체로, 그는 자신이 인공생명체를 창조해냈다고 믿었다. 말년에는 자신의 로봇 배로 편성된 함대와 로봇 전투기로 이루어진 비행대를 꿈꾸었다. 이들은 원격 통제소에서 전력을 공급받고 각종 제어를 받지만 자신이 어디에 있고 무엇을 하는지 스스로 생각하고 행동할 것이라고 생각했다. 더 이상 인간 병사는 필요치 않으며 전쟁은 그야말로 기계들의 싸움이 될 것이라고 여겼다.

◀ 니콜라 테슬라가 만든 무선조종 배 또는 텔오토마톤의 내부 모습.

무선조종 비행기와 무한궤도 차량

그러나 불행하게도 1898년에 있었던 테슬라의 텔오토마톤 실연은 성공적이지 못했다. 매디슨 스퀘어 가든 국제전기박람회에서 그는 로봇 배가 물탱크 안에서 돌아다니면서 관객들의 명령에 응답하게 했는데, 그걸 지켜본 사람들은 테슬라가 얼마나 엄청난 일을 성취한 건지 미처 깨닫지 못했다. 그러니까 그들은 최초의 무선전신 실연 장면뿐 아니라 로봇과 원격조종, 동력의 원격 전송 그리고 인공지능 콘셉트 등도 목격한 것이다. 그러나 같은 박람회에서 마르코니가 상대적으로 조악한 근거리 무선전신 실연으로 박수갈채를 받은 반면, 테슬라는 훨씬 더 뛰어난 성취를 하고도 그 성과를 인정받지 못했다. 결국 테슬라는 시대를 훨씬 앞서갔지만, 지나치게 욕심을 내다가 일을 그르친 것이다.

인공지능과 인공생명체를 꿈꾸었음에도 불구하고 테슬라의 텔오토마톤은 자율적인 것과는 아주 거리가 멀었고, 당시의 기술로는 그가 말하는 인공지능이라는 것 역시 구현하기 어려웠다. 게다가 당시에는 비디오 기술이 전혀 뒷받침되지 않았기 때문에 텔오토마톤은 전적으로 눈으로 볼 수 있는 거리 내에서나 조작이 가능했다.

의욕이 너무 앞섰던 데다 사람들로 하여금 너무 많은 것을 기대하게 하긴 했지만 테슬라의 선구자적인 노력은 오늘날 우리가 보는 드론을 제작하는 데 필요한 많은 기술들의 밑거름이 되었다. 그리고 그 후로도 원격조종 가능한 군사 무기를 개발하기 위한 노력은 계속 이어졌고, 그 과정에서 '살인광선 매튜스'로 알려진 영국 발명가의 노력도 잠시나마 큰 관심을 끌게 된다.

제1차 세계대전 초기에 그린델 매튜스는 빛을 받으면 전도성이 생기는 광전자 금속인 셀레늄을 이용해 원격조종 실험을 했다. 그는 광선으로 원격조종하기 위해 '여명Dawn'이라 이름 붙인 배에 셀레늄으로 작동되는 원격조종 장치를 설치했다. '셀레늄 파일럿'이 탑재된 그 작은 배는 서치라이트 불빛을 따라 움직일 수 있었는데, 차츰 성능이 개선되어 나중에는 흐릿한 햇빛 아래에서는 3킬로미터까지, 야간에는 8킬로미터까지 움직일 수 있었다.

제1차 세계대전이 격화되면서 영국 해군에게는 이런 새로운 기술의 필요성이 커졌다. 1915년 그린델 매튜스는 군 관계자들 앞에서 드론 배를 실연하는 데 성공했고, 해군은 2만 5,000파운드(오늘날 한화로 약 38~40억 원)라는 거금을 주고 그 기술을 사들였다. 그린델 매튜스는 빛을 이용하는 자신의 원격조종 기술과 관련해 야심찬 계획을 갖고 있었다. 원격조종으로 터지는 폭발물과 역시 원격조종으로 독일군의 체펠린 비행선에 다가가 폭발하는 소형 비행 어뢰 등을 개발할 계획이었던 것이다. 그러나 그 계획은 아무 성과도 거두지 못했고, 영국 해군은 결국 원격조종되는 배 여명의 개념을 더 이상 발전시키지 못했다.

제2차 세계대전이 발발하기 직전 즈음에는 휴고 건스백과 엘머 스페리 그리고

▲ 골리앗은 독일이 제2차 세계대전에서 사용한 원격조종 드론으로, 내부에는 폭발물을 탑재하고 있다.

그린델 매튜스 등이 꿈꾸던 드론들이 점차 사용 가능한 수준으로 발전해갔다. 무선조종 장난감 비행기 애호가이자 영화배우였던 영국의 레지널드 데리Reginald Derry는 미군을 위해 수천 개의 무선조종 비행기를 제작했고, 그것들은 대공포 사수들을 훈련시키는 데 활용됐다. 특히 무선 전파로 조종되는 데리의 드론 모델 OQ2는 많은 관심을 받았다. OQ2와 관련된 재미있는 일화가 있는데, 한 사진작가가 OQ2의 제작 과정을 필름에 담으러 갔다가 그 공장에서 일하던 노마 진 도허티라는 여성에게 드론 프로펠러를 들고 포즈를 취하게 한 후 사진을 찍었다. 이 한 장의 사진은 그 여성의 인생을 완전히 바꿔놓았는데, 그녀는 후에 마릴린 먼로라는 이름으로 활동하며 세계적인 배우가 되었다.

유럽에서는 독일이 '골리앗Goliath 경돌격차량'이라는 이름의 무선조종식 무한궤도 차량을 개발했는데, 폭발물을 싣고 탱크 밑이나 건물 안으로 들어가 폭발하게끔 만들어진 일종의 이동식 지뢰였다. 연합군은 이 기계를 '딱정벌레 탱크beetle tank'라고 불렀다. 흥미롭게도 이 드론들은 오늘날 군사용 로봇들도 여전히 해결하지 못한 문제점을 갖고 있었는데, 취약한 신뢰성에 비해 제작비가 많이 든다는 점이었다.

헌터킬러

미국과 다른 많은 나라의 군대에서 사용 중인 프레데터와 리퍼Reaper 무인 항공기처럼 오늘날 우리에게 친숙한 드론들은 1970~1980년대에 이스라엘에서 개발된 글라이더형 드론에서 유래하는 것들이다. 그리고 이 드론들이야말로 테슬라와 건스백 같은 드론 선구자들이 꿈꾸었던 드론에 가장 가깝다. 제작비가 비교적 적게 들고 아주 대중적인 데다 효율성도 높고, 전쟁의 판도까지 뒤바꿔놓고 있는 것이다. 또한 드론 조종사들은 아주 멀리 떨어진 기지 안에 앉아 전투를 수행하며, 마치 일반 사무직원들처럼 집과 직장을 오가며 군사 작전에 참여한다.

오늘날의 현실과 1981년에 나온 아동용 도서 『미래의 세계: 미래의 전쟁과 무

Tom Cat

◀ 1960년대에 북베트남 상공에서 작전 중인 미국 공군의 '라이트닝 버그' AQM-34L 정찰 드론.

▲ 가장 널리 쓰이고 있는 무인 항공기 중 하나인 '리퍼'. 리퍼는 헌터킬러형 드론이다.

◀ 2016년 미국 해군의 드론 '씨 헌터' 명명식 장면.

기들World of tomorrow: Future war and weapons』에서 예견한 미래를 비교해보자. 그 책에서는 미래의 "로봇 부대들은 전투 현장에서 멀리 떨어진 안전한 곳에 있는 군사 지도자들의 명령에 따라 움직인다"고 했다. 그리고 또 "온갖 종류의 탐지기와 센서가 장착된 조그마한 무인 비행기가 적군의 위치와 규모를 파악하고 교신 내용을 도청한다"면서 놀랍도록 정확한 예견을 했다.

그러나 이후에도 SF는 드론에 대한 일반 대중의 기대와 불안감을 지배하고 있다. 그 가장 좋은 예가 제임스 카메론 감독이 연출한 영화 〈터미네이터〉에 나왔던 헌터킬러 로봇으로, 이 인공지능 탱크는 인공지능 기술이 불러올 머지않은 미래의 암울한 모습을 잘 보여주고 있다. 이 영화 속 미래에서는 '스카이넷Skynet'이라는 전 세계적인 인공지능 네트워크가 자기 인식을 갖게 되면서 스스로를 지키기 위해 인류를 말살하려고 한다. 그래서 핵무기를 쏘아 인류를 멸망시키고 생존자들을 제거하기 위해 네트워크화된 로봇 군대를 동원한다. 로봇 군대의 주력 병사들인 헌터킬러 드론들은 자율적으로 움직이는 군사용 로봇으로, 탱크처럼 생긴 지상 차량이자 하늘을 나는 중무장한 비행기이기도 하다. 워쇼스키Wachowski 감독들이 만든 영화 〈매트릭스Matrix〉는 인공지능 기술로 인한 대재앙 이후의 세상을 그린 또 다른 영화로, 이 영화에서는 하늘을 나는 오징어 모양의 로봇들이 인간 사냥을 한다.

이 같은 영화 속 미래의 장면들에서 우리는 스스로 결정하고 가공할 만한 힘을 휘둘러대는 완전 자율화된 무기들이 야기하는 섬뜩한 결과를 엿볼 수 있다. 현존하는 드론의 기능 중 일부는 이미 자율화되었지만, 표적을 정한 뒤 최종 공격을 결정하는 것은 아직 인간의 몫이다. 그러나 현재 많은 국가에서 이 과정의 일부 또는 전부를 자율화하는 시스템을 개발 중에 있다. 예를 들어 영국 공군은 '미래전투항공체계'라는 이름의 프로그램을 추진 중인데, BAE 시스템 사의 타라니스Taranis 드론을 자율성이 있는 살상 무기로 개발하는 것도 그 프로그램의 일부다.

드론 스스로 완전히 자율적으로 '살상 결정'을 내리는 바로 이전 단계의 시스템은 어떤 것일까? 그것은 드론이 아마 표적을 확인하고 위치를 알아내 공격 준비를

▼ 2003년 영화 〈터미네이터 3: 라이즈 오브 더 머신〉의 한 장면. 중무장한 헌터킬러 로봇이 인간들을 찾아다니고 있다.

▲ 2009년 아프가니스탄에서 미 해병대원이 감시 드론 '레이븐'을 날리고 있다.

하되, 인간의 명령에 의해서만 공격하는 시스템일 것이다. 사실 그런 시스템은 거의 개발이 끝난 상태다. 그리고 그 같은 드론 개발에 대한 우려 때문에 2013년에는 '킬러 로봇 금지 운동'이라는 NGO 모임이 발족되었다. 영화 〈터미네이터〉 속 헌터킬러들의 어두운 그림자가 이미 저 멀리서 그 모습을 드러내고 있는 것이다.

PART 3

생활 방식 & 소비자

09

신용카드

130여 년 전
예견된 현금 없는 사회

화폐는 오래전부터 인간 사회의 일부가 되었다. 그것이 너무나 당연한 것이다 보니 많은 SF 작가들은 미래의 돈 문제에 그다지 관심을 보이거나 주의를 기울이지 않았다.

그런 가운데 미래에 대한 공통적인 예측 중 하나는 지금껏 나라마다 달랐던 통화 제도가 통일된 단일 신용 제도로 바뀌게 될 거라는 것이다. 따라서 신용은 SF 소설에 약방의 감초처럼 등장한다.

SF 작가들은 뒤에서 다룰 '물질 복제 기술' 덕에 생겨나는 이른바 '부족함 없는 경제'에서는 어떤 일이 일어날까 하는 의문을 던지거나 교환의 매개 수단으로써 화폐에 대한 새로운 접근 방식을 모색해왔는데, 여기에는 몇 가지 흥미로운 예외 사항들이 있다.

예를 들어 패트릭 윌킨스Patrick Wilkins가 1954년 발표한 소설 「돈은 모든 선의 뿌리Money is the root of all good」에서는 선행을 베풀 경우 신용이 주어진다. 닐 애셔Neal Asher의 2002년 소설 『스키너The Skinner』에서는 주민들을 죽음의 고통에서 해방시켜주는 독약이 궁극적인 가치를 지닌 유일한 상품인 불멸의 행성에 대한 이야기를 다룬다.

화폐의 미래에 대한 예견

SF 소설에서 화폐의 미래에 대한 예견은 그 역사가 아주 깊다. 예를 들어 빅토리아 시대의 작가 에드워드 벨러미Edward Bellamy는 자신의 1888년 소설 『뒤를 돌아보며Looking backward』에서 '신용카드credit card'에 대해 예견했는데, 심지어 그 이름까지 오늘날과 똑같았다. 물론 이 소설은 '어느 날 자고 일어났더니 미래에 와 있더

◀ 에드워드 벨러미의 소설 『뒤를 돌아보며』의 표지.

라'라는 식의 줄거리를 가진, 그리고 미래에 일어날 일들을 교훈적 관점에서 바라본 많은 소설들 중 하나였고, 당시 큰 반향을 불러일으켰다. 벨러미의 소설에서는 줄리안 웨스트라는 주인공이 미국 보스턴 시에서 잠을 자고 일어났더니 2000년 되어 있고 세상은 공동 노동 참여도에 따라 시민의 권리가 평가 · 부여되는 사회주의적 유토피아로 변해 있다. 그리고 기존의 화폐 제도는 폐지되고 신용 제도로 대체되어 있다. 그러니까 모든 개인의 신용이 매년 국내총생산에 대한 각자의 기여도에 따라 공정하게 배분되는 것이다. 시민들에게는 돈 대신 펀치 카드가 한 장씩 배포되는데, 그 카드에 각자 얼마나 많은 신용을 갖고 있는지가 기록된다. 즉 펀치카드만 있으면 지역사회에 있는 공공 창고에서 원하는 것을 무엇이든 구입할 수 있고, 신용이 얼마나 남아 있는지도 금방 알 수 있다.

"혹 우리의 신용카드가 어떻게 생겼는지 보고 싶지 않습니까?" 줄리안의 가이드는 이렇게 말하며 두꺼운 판지 하나를 보여준다. 그리고 이렇게 설명한다. "내가 이 카드로 구입한 물건들의 가격은 직원에 의해 체크됩니다. 이 네모난 점들을 찍으면 내가 구입한 물건의 가격이 나오거든요." 이미 가지고 있는 자산을 쓰는 데 사용되는 카드이므로 신용카드라기보다는 '직불카드'에 더 가까운 이 카드는 오늘날의 관점에서 냉정하게 보면 악의적인 조작의 가능성이 높아 보일 수도 있다. 그러나 벨러미의 설명에 따르면, 돈이니 부니 하는 것은 이미 사라졌기 때문에 더 이상 그런 범죄와 사회적 무질서는 존재하지 않는다.

벨러미의 소설에서 신용카드는 오늘날의 신용카드와 마찬가지로 어디에서든 쓸 수 있다. 벨러미는 심지어 중앙 창고로부터 기송관(압축 공기를 이용해 우편물 따위를 운반하는 관)을 통해 각종 상품을 배달하는 사회주의 버전의 아마존Amazon에 대해서도 예견했다. 이 기송관들은 정부 직영 매장은 물론 각 가정집과도 연결되어 있으며, 부피가 큰 상품을 배달할 수 있을 정도로 넓었다.

▲ 러시아 예카테린부르크 시에 있는 신용카드 기념물.

나무로 된 탤리스틱에서 신용카드까지

그렇다면 과연 벨러미를 '신용카드의 아버지'라고 할 수 있을까? 2011년 러시아 예카테린부르크 시에 독특한 조각상을 세운 사람들이라면 아마 그렇게 생각할지 모른다. 신용카드를 위해 만들어진 세계 최초의 기념물이자 유일한 기념물이라는 이 조각상은 그 높이가 2미터에 이르는데, 신용카드를 쥐고 있는 손 형상을 하고 있고, 그 신용카드에는 에드워드 벨러미의 이름이 인쇄되어 있다.

실제 신용카드를 만든 사람들이 벨러미의 소설을 염두에 두고 만들었는지는 분명치 않다. 어쨌든 가치 교환 수단으로서의 신용카드는 탤리스틱tally stick을 필두로 이미 오래전부터 다른 여러 형태로 존재했으나, 그것들은 은화와 달리 그 자체에 아무런 가치도 내재되어 있지 않았다. 탤리스틱이란 일종의 막대기로, 거기에 어떤 표시를 하거나 홈을 파서 상품(곡물이나 통화 단위 등)에 대한 기록을 남겼다. 또 이 막대기는 둘로 쪼갰는데, 거래나 교환 등을 할 때 막대기의 반을 제시해 다른 반쪽과

▲ 1440년경 영국에서 사용된 탤리스틱.

맞췄을 때 정확하게 일치하는가를 확인했다. 탤리스틱을 둘로 쪼갤 때 만들어지는 들쭉날쭉한 모양은 위조가 불가능한데, 오늘날 신용카드를 안전하게 사용할 수 있도록 암호화하는 것과 비슷한 개념이라고 할 수 있다.

현재 우리가 알고 있는 신용카드는 특수한 신용 거래 수단으로, 여러 업체나 조직 등과의 거래 시 발생하는 비용을 카드 한 장으로 전부 해결할 수 있다. 이 신용카드의 전신은 바로 '고객 카드'다. 특정 기업이나 매장 등에서만 쓸 수 있는 금속판 또는 카드로, 이 카드가 있으면 고객은 현금이 없어도 거래를 할 수 있었다. 이는 기본적으로 고객의 신용 상태, 즉 재정 상태를 믿고 거래하는 것으로, 판매자가 구매자의 부채 상환 능력을 믿는다는 의미다. 이는 화폐가 등장하기 이전에 행해진 통상적인 거래에서 그 기원을 찾아볼 수 있는데, 통상적인 거래란 우리가 흔히 알고 있는 것처럼 물물교환에 의해서가 아니라 신뢰, 약속 그리고 부채와 그에 대한 상환을 전제로 한 사회적 네트워크에 의해 작동됐다. 적어도 SF 작가인 에릭 프랭크 러셀Eric Frank Russell은 이와 비슷한 미래의 첨단 신용 시스템을 상상해냈는데, 그는 소설 「그리고 아무도 없었다And then there were none」에서 화폐 제도를 '의무'라고 말했다.

다이너스 클럽 인터내셔널의 공동 설립자인 랠프 슈나이더Ralph Schneider와 프랭크 맥나마라Frank McNamara는 1950년, 여러 기업에서 쓰고 있는 고객 카드를 한 장으로 통합해 보다 많은 식당에서 사용할 수 있게 했다. 그런데 이 카드는 부채를 계속 안고 가는 것이 아니라 그때그때 정산하는 방식이어서 신용카드라기보다 현금카드에 가까웠다. 1958년에는 뱅크오브아메리카가 뱅크아메리카드를 도입했는데, 이것이 바로 성공적으로 널리 통용된 최초의 신용카드다. 같은 해에 아메리칸익스프레스도 카드를 발급했는데, 이듬해에는 카드를 플라스틱 형태로 바꿨다.

스마트카드로의 진화

아메리칸익스프레스 카드가 플라스틱으로 바뀐 이후 신용카드는 계속 진화했

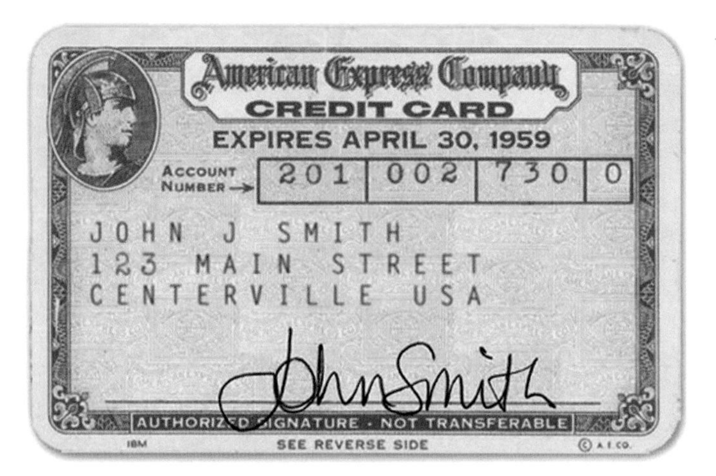

◀ 초기의 신용카드인 아메리칸익스프레스 카드의 견본.

는데, 이러한 진화 중 일부는 SF 소설에서 이미 예견되었다.

스마트카드(통합 마이크로프로세서 칩이 내장된 플라스틱 카드와 기타 다른 종류의 카드)는 1970년대에 만들어졌으나, 그 카드들은 1990년대 중반까지만 해도 주로 전화직불카드(공중전화로 전화를 걸 때 사용하는 휴대용 선불 신용카드)로만 쓰였다. 그러나 윌리엄 깁슨William Gibson은 1988년 소설 『모나리자 오버드라이브Mona Lisa overdrive』에서 스마트카드를 어디서나 널리 쓰이는 카드로 만들었다. 예를 들어 등장인물 중 한 사람은 무언가를 구입하고 계산을 할 때마다 자신의 '플래티넘 미츠비시뱅크 칩'을 사용한다.

그런데 진짜 현금이 필요 없는 사회가 도래하면서 이제 심지어 직불카드나 신용카드마저도 불필요해지고 있다. 무선통신용 마이크로칩들이 점점 더 작아지고 비용도 저렴해져 너무도 흔히 볼 수 있게 되면서 이제는 현금이 없어도 스마트폰으로 결제가 가능하고, 심지어 피부에 이식하는 마이크로칩으로도 결제가 가능해졌다.

스마트폰을 결제 수단으로 사용하는 것은 1966년 프레더릭 폴Frederik Pohl이 소설 『우유부단한 사람들의 시대The age of the pussyfoot』에서 이미 예견한 일이다. 그의 소설에 나오는 스마트폰 혹은 개인용 디지털 비서는 '조이메이커joymaker'라 불렸는데, 이 소설의 주인공에게 제공된 사용 설명서에는 이렇게 적혀 있다. "당신의 조이메이커를 신용카드로 사용하려면 기관 직함과 계좌 스펙트럼을 알아야 한다." 이해하기 힘든 이 말은 개인식별번호PIN를 알아야 한다는 말과 비슷한 의미인 듯하다.

그런데 에드워드 벨러미가 예견한 일들 가운데 그 실현 가능성이 점점 더 분명해지고 있는 것이 또 하나 있다. 아마존이 상품을 고객의 집까지 신속하게 배달해줄 드론을 개발하고 있다는 사실에서 알 수 있듯이 상품을 갖고 싶게 만들고 그와 함께 구매와 배달을 하나로 통합하려는 판매자들의 계획이 현실화돼가고 있는 것이다. 이와 유사한 모델은 브라이언 올디스Brian Aldiss의 1963년 소설 「소외 계층The underprivileged」에 나오는 완전 자동화된 미래 도시에서도 엿볼 수 있다. 그 이야기에서는 길모퉁이 곳곳에 있는 홈에 신용카드를 꽂으면 로봇 드론에 의해 원하는 상품이 즉시 배달된다.

10

감시 사회

조지 오웰 『1984』의 빅브라더가 당신을 지켜보고 있다

1949년에 출간된 조지 오웰George Owell의 소설 『1984』는 SF 소설 분야의 가장 위대한 문학적 업적 중 하나로 여겨지고 있다. 전체주의가 지배하는 미래의 영국에 대한 조지 오웰의 암울한 디스토피아적 비전은 다음과 같은 여러 요소들이 복잡하게 뒤얽히면서 생겨났다. 제2차 세계대전 이후 말할 수 없이 초라해진 영국의 현실, 전쟁을 거치면서 적나라하게 드러난 인권 탄압과 악에 대한 국가와 인류의 형편없는 대처 능력, 소비에트 사회주의의 유토피아적 이상들이 스탈린의 광기로 귀결된 데 대해 느낀 배신감과 역겨움, 전쟁 중에 직접 선전·선동에 관여한 오웰 자신의 경험, 그리고 점점 커져만 가던 인간사의 진화 과정에 대한 자기 자신의 비관적인 생각 등….

오웰의 소설 『1984』에는 지정학부터 사무 기술에 이르기까지 매우 다양한 트렌

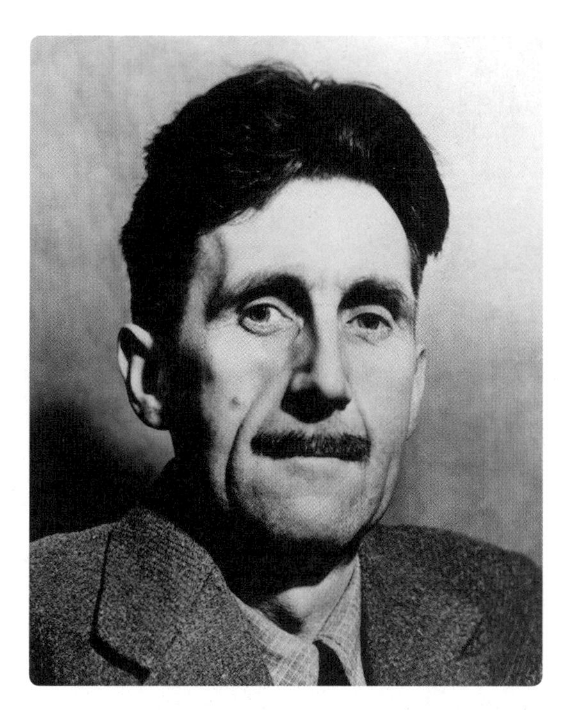

▲ 1946년에 찍은 조지 오웰의 사진.

드와 기술에 대한 예견들도 담겨 있지만, 이 소설은 무엇보다 억압적인 국가 감시, 즉 감시 국가의 출현에 대해 다룬 소설로 가장 잘 알려져 있다. 그러나 오웰은 감시 기술과 그것이 사회에 미칠 영향에 대해 예견한 유일한 작가도, 최초의 작가도 아니다.

오웰 같은 작가들은 오늘날의 현실을 얼마나 정확하게 예견했을까?

한눈에 보는 과거와 미래

오웰의 『1984』에 나오는 대표적인 감시 기술은 '텔레스크린'이다. 핵전쟁 이후 영국의 새로운 이름 '에어스트립 원'의 모든 가정집 벽면에 평평하게 생긴 이 대형 스크린이 설치된다. 오웰은 『1984』의 주인공 윈스턴 스미스의 거실 한쪽 벽면을

가득 채우고 있는 텔레스크린을 이렇게 묘사한다. "따분한 거울처럼 생긴 직사각형의 금속판으로, 오른쪽 벽면의 일부를 차지하고 있다." 텔레스크린은 텔레비전과 감시 카메라의 기능을 동시에 한다. "동시에 수신도 하고 전송도 한다. 윈스턴이 내는 어떤 소리든 아주 낮게 속삭이는 소리가 아니라면 전부 다 이 금속판에 포착된다. 게다가 단순히 목소리만 들리는 것이 아니라 그가 이 기계의 가시권 안에 있는 한 일거수일투족까지 다 전송되게 된다." 이 기계는 사람들을 바보로 만드는 더없이 저속한 오락물을 끊임없이 내보낼 뿐 아니라 틈나는 대로 집권당을 노골적으로 선전 · 선동하는 방송을 내보낸다. 무엇보다 우리를 오싹하게 하는 건 이 텔레스크린은 흐릿하게 만들 수는 있어도 절대 완전히 꺼버릴 수는 없다는 것이다.

텔레스크린을 통해 끊임없이 사람들을 감시하고 억압하는 것은 일종의 보안요

◀ 영화 〈1984〉에서 텔레스크린 앞에 앉아 있는 윈스턴 스미스.

원인 사상경찰이다. 윈스턴은 이렇게 회상한다. "물론 어떤 특정한 순간에 당신이 감시당하고 있는지 아닌지는 알 길이 없다. 당신이 내는 모든 소리를 누군가가 엿듣고 있고, 또 어두울 때를 제외하고는 매 순간 감시당하고 있다는 가정하에 … 당신은 살아야 한다. 이제 본능처럼 되어버린 습관대로 그냥 살아야 한다."

오웰이 『1984』를 쓸 당시만 해도 텔레비전은 아직 진기한 물건이었고, 가지고 있는 집이 거의 없었다. 그러다가 불과 10년도 채 안 돼 텔레비전은 거의 모든 가정과 문화를 점령하기 시작했는데, 오웰은 그보다 훨씬 더 먼 데까지 내다봤다. 그러니까 대중오락의 수단인 텔레비전이 대중 억압의 수단으로 기능이 왜곡되는 시대가 올 거라고 내다봤던 것이다.

『1984』의 다른 많은 면들도 그렇지만 특히 이런 면에서 오웰은 1921년에 나온 러시아 작가 예브게니 자먀틴Yevgeny Zamyatin의 소설 『우리들We』의 영향을 아주 많이 받았다. 이 소설에서 미래의 세상은 '단일제국'에 의해 지배되며, 시민들은 거의 모든 것이 유리로 만들어져 비밀경찰들이 늘 감시할 수 있는 도시 안에서 억압받으며 살아간다. 사회는 획일적이고 엄격하며, 그 모든 것을 감시기관인 '수호국'이 관장한다.

자먀틴의 유리로 둘러싸인 도시형 감옥 국가는 18세기 말 영국의 철학자 제레미 벤담Jeremy Bentham이 고안해낸 원형 감옥 '파놉티콘Panopticon'에서 영감을 받은 것이다. 파놉티콘은 '모든 것을 꿰뚫어 본다'는 뜻을 가진 그리스어에서 온 말로, 죄수들에 대한 사회적 · 심리적 통제 수단으로 고안되었다. 주로 감옥 디자인으로 여겨지지만, 벤담은 이 시설의 사용 범위를 병원, 정신병원, 학교 등 모든 형태의 기관으로 확대했다. 이 원형 감옥은 중앙 통제실 쪽으로 향하는 감방 및 통로, 다른

▲ 예브게니 자먀틴의 소설 『우리들』 영문판 표지.

방들의 벽과 천장이 모두 투명하게 만들어져 있어서 중앙 통제실에서는 그 안을 훤히 들여다볼 수 있다. 따라서 이론상 단 한 사람의 감시자가 언제든 그 어떤 죄수의 동태도 다 감시할 수 있다. 현실적으로 한 사람이 모든 사람을 동시에 감시할 수는 없지만, 죄수들은 자신이 현재 감시당하고 있는지 어떤지를 전혀 알 수 없고, 그래서 심리적으로 스스로 행동을 조심할 수밖에 없다. 마치 오웰의 에어스트립 원에 사는 주민들처럼 말이다.

자먀틴의 소설에 나오는 유리로 둘러싸인 도시는 결국 거대한 도시 규모로 확대된 파놉티콘이다. 이 도시에는 '멤브레인'이라는 막이 거리 곳곳에 널려 있다. 이는 보기 좋게 위장된 도청 장치로, 수호국은 가만히 앉아서 시민들의 대화를 다 엿들을 수 있다.

자먀틴의 멤브레인 역시 오웰의 텔레스크린과 마찬가지로 크기가 크고 평평하

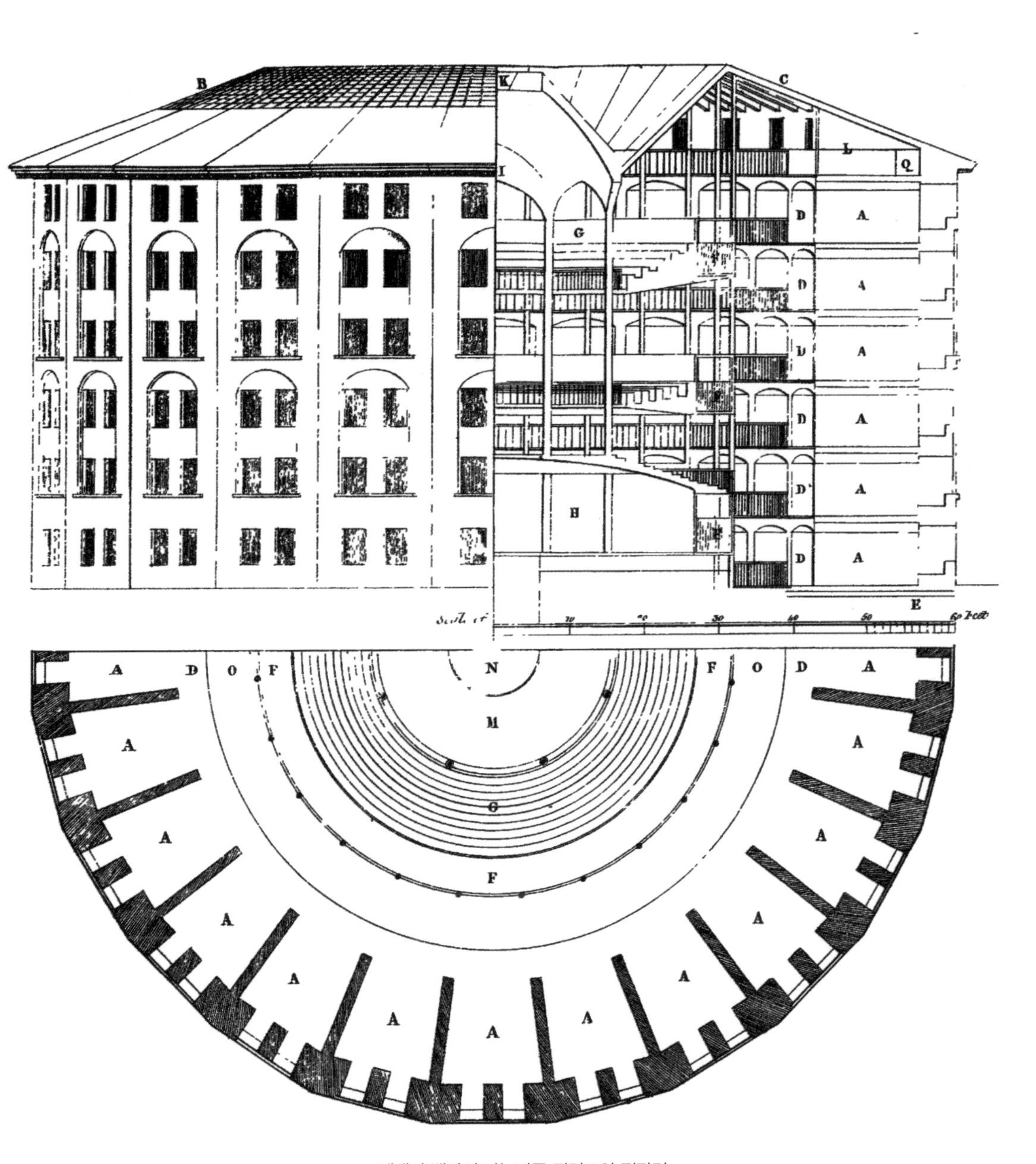

▲ 제레미 벤담의 파놉티콘 정면도와 절단면.

▶ 이제 거리에서 일반 대중을 감시하는 카메라는 아주 흔하게 볼 수 있다.

다. 텔레스크린과 멤브레인은 근래 들어 많은 우려를 낳고 있는 감시 장치들을 연상케 한다. 사람들이 자진해서 자신의 집에 설치하는 웹캠과 IP 카메라 그리고 아마존의 에코Echo나 구글의 홈Home 같은 음성인식 '스마트 스피커'처럼 늘 인터넷에 접속돼 있어 언제나 보고 들을 수 있는 장치들 말이다.

카메라로 지배되는 나라

『1984』의 '빅 브라더'가 지배하는 국가와 오늘날 현실 사이의 가장 큰 공통점은 CCTV(폐쇄회로 TV) 카메라 장치들에 의한 비디오 감시의 확대다. CCTV 카메라는 현장 상황을 모든 사람이 아닌 특정한 사람에게만 전송한다.

최초의 CCTV 카메라는 독일 나치가 V-2 로켓 발사 상황을 모니터링하기 위해 발명했으나, 소설 『1984』가 출간된 1949년까지만 해도 상업적으로 널리 쓰이지는 않았다.

CCTV 카메라가 국가의 감시 수단으로 널리 사용되기 시작한 것은 1960년대에 들어와서다. 영국의 거리에 처음 CCTV 카메라가 등장한 것은 1960년의 일로, 태국 왕실에서 영국을 방문하는 동안 런던 트라팔가 광장에 임시로 CCTV 카메라를 설치했다. 그리고 그 이듬해부터는 런던의 주요 기차역에 CCTV를 영구 설치하기 시작하면서 영국은 지구상에서 동영상을 통한 감시가 가장 심한 나라가 되었다.

1969년에는 영국 내에 경찰 CCTV 카메라가 67대밖에 안 됐다. 그러나 오웰이 예견한 해인 1984년에 이르면 동영상 저장 능력이 비약적으로 발전해 CCTV 카메라 설치 붐이 일었고, 그 결과 영국 정부는 매주 500대 정도를 새로 설치하게 된다. 그러다 2013년에 이르러 영국에는 대략 11~14명당 한 대의 CCTV 카메라가

설치되었으며, 2018년에 이르러서는 매년 22억 파운드(약 3조 3,300억 원)가 비디오 감시 장치 설치 비용으로 들어가 전국적으로 거의 600만 대의 공공 CCTV와 민간 CCTV가 설치되게 된다.

오웰의 에어스트립 원에서도 이런 기술들이 흔히 쓰였을 것으로 보이지만, 그의 소설에 나온 텔레스크린은 사실 CCTV 카메라와는 좀 다르다. 그런데 CCTV 카메라는 오웰의 소설이 나오기 꼭 10년 전인 1939년에 이미 미국 작가 레이 커밍스Ray Cummings가 소설 「침입자 반들Wandl, the invader」에서 놀랄 만큼 상세하게 예견했다. 그 소설에는 등장인물들이 '이미지-파인더'라고 하는 장치를 이용해 한 카페 안에 있는 사람들을 감시하는 대목이 나온다. 그 카페 안에는 10여 대의 이미지-파인더가 설치되어 있어서 감시자들은 미러 그리드(오늘날 CCTV 통제 센터에 있는 것처럼 모니터들을 격자 모양으로 모아놓은 것)상의 모니터들을 들여다보며 표적을 찾고 확대해 볼 수도 있었다.

> 곧 우리의 미러 그리드에 레드 스파크 카페의 실내 모습을 담은 약 60센티미터짜리 사각형 이미지들이 들어왔고 … "누가 그 사람이죠?" 벤자가 궁금하다는 듯 물었다. "저기 세 번째 테라스 왼쪽 … 모습을 좀 더 가까이 보죠." 문제의 테이블은 이미지 상에서 약 6제곱센티미터도 안 됐다. "자, 여기 좀 더 가까운 모습이요." 이제 다음 이미지로 넘어갔다.

이보다 훨씬 일찍, 그러니까 정확하게 1894년에 나온 한 SF 소설에서는 교통 통제를 위한 비디오 감시 장치 사용을 예견했다. 미국 재계의 거물로 타이타닉 호 침몰 사고의 희생자이기도 했던 존 제이콥 애스터 4세는 1894년에 낸 책 『다른 세계에서의 여행』에서 2000년대의 삶을 상상했다. 그는 전기 자동차에 대해 특히 많은 관심을 보였고, 그가 '즉석 코닥'이라고 부른 미래의 속도 감시 카메라가 어떻게 작동되는지에 대해서도 자세히 설명했다.

> 근무 중인 경찰들은 늘 삼각대 위에 '즉석 코닥'을 올려놓고 있었는데, 그걸로 보면 몇 초 간격으로 차량의 위치가 파악돼 자동차의 정확한 속도를 쉽게 알 수 있었다. 그래서 경찰들은 육안으로 판단하기 어려운 경우에도 차량들이 과속해선 안 될 구간에서 과속하는 위험을 막을 수 있었고, 빨리 달려야 하는 차선에서 천천히 달리는 것도 막을 수 있었다.

하늘에 떠다니는 눈들

1980년대의 CCTV 붐은 빅 브라더 같은 이야기의 돌풍을 일으켰고, 오늘날의 감시 사회에 관한 우려와 향후 발전 방향에 대한 문제의식에 비춰볼 때 다소 기이하게 보이기도 한다. 그런데 우리가 생각해낼 수 있는 그 발전 방향이라는 것은 실은 거의 다 SF 작가들이 (때론 놀랄 만큼 오래전에) 이미 예견했던 것이었다. 예를 들어 1959년 이후 위성을 띄워 순전히 정찰과 감시 목적으로 촬영을 해오고 있는데, 현재 지구 궤도상에는 이런 위성들이 수백 개까지는 아니더라도 (그런 임무는 대개 극비 사항이기 때문에 밝힐 수 없지만) 수십 개는 떠 있다. 그런데 미국 작가 잭 윌리엄슨Jack Williamson은 1931년에 이미 자신의 소설 「우주의 군주The prince of space」에서 그런 목적의 위성 촬영에 대해 아주 자세히 묘사한 바 있다. 그 소설 속 주인공에게는 커다란 사진 한 장이 주어진다.

> 우주에서 찍은 멕시코 치와와 주의 사진이었다. "그리고 여길 봐요!" 그는 좁다란 산등성이 바로 아래쪽에 펼쳐진 넓은 회녹색 평야에서 작은 파란색 원 모양의 지점을 가리켰는데, 바로 그 옆에는 강으로 보이는 초록색 가는 선이 있었다. "저 파란색 원 안에 있는 게 처음 나타난 배인데…."

지금은 대부분의 공중 정찰 및 감시 활동을 무인 항공기, 즉 드론이 한다. 그런 목적으로 사용되는 무인 항공기는 적어도 1920년대 말 이후로 여러 SF 소설에 등장해왔다. 아마 최초로 무선 조종 비디오 드론이 등장한 소설은 레이 커밍스가 1928년에 발표한 『별들 너머Beyond the stars』가 아닐까 싶다. 그런데 그 소설에 나온 드론은 1회밖에 못 쓰는 발사체였으며, '보이지 않는 연결 광선'을 이용해 조종할 수 있었다.

로저 젤라즈니Roger Zelazny의 1966년 소설 『폭풍의 이 순간This moment of the storm』에는 살상 능력이 있는 감시용 드론이 나온다. 이 드론은 카메라와 화기가 장착된 반半자율형이며, 헬리콥터처럼 공중에서 멈출 수 있는 정찰 드론이다. 이 드론은 떼 지어 출동하며 중앙 통제소에서 원격조종된다. 젤라즈니는 드론 조종사가 어떻게 원격조종을 하는지를 제법 상세하게 묘사한 뒤 그가 잠시 커피를 마시러 아래층으로 내려간다고 말하는데, 묘하게도 무료한 환경 속에서 일하는 오늘날의 드론 조작자들의 상황과 아주 흡사하다. 래리 니븐Larry Niven의 1972년 소설 『무정부 상태의 망토Cloak of anarchy』에서도 '캅스아이즈'라는 비슷한 드론이 나온다. 래리 니븐의 설명에 따르면, 텔레비전 눈과 음파충격기가 장착된 농구공 크기의 이 황금빛 드론은 경찰 본부와 연결되어 있으며, 경찰이 지정하는 무정부 상태의 지역들, 그러니까 폭력이 난무하는 무법천지 지역들의 치안을 담당한다. 저자는 이렇게 설명한다. "머리 위 손길이 닿지 않는 높은 곳에 캅스아이가 떠 있는 게 무법천지 상태로 내버려두는 것보다는 훨씬 나았다. … 누구든 손을 들어 이웃을 때렸다고 치자. 그러면 황금빛 농구공들 중 하나가 두 사람에게 음파충격기를 발사한다. 두 사람은 잠시 뒤 캅스아이가 지켜보는 가운데 의식을 되찾게 될 것이다."

자연과 진화의 원칙을 뛰어넘는 감시 시스템

SF 소설들을 보면 이처럼 가까운 미래에 찾아올 감시 드론의 모습을 엿볼 수 있다. 미국 SF 작가 레이먼드 Z. 갤런Raymond Z. Gallun은 1936년에 내놓은 「풍뎅이The scarab」에서 곤충을 모방해 만든 초소형 드론에 대해 이렇게 말한다. "… 풍뎅이는 보통 곤충들처럼 큰 작업실 안으로 날아 들어가 어둑어둑한 구석의 보안 상태를 살폈다. 그리고 귀의 마이크를 통해 듣고 미세한 시각 튜브를 통해 본 주변 정보를 몽땅 멀리 떨어진 데서 자신을 조종하는 사람에게 전송했다."

그간 현실 세계에서도 이런 장치를 개발하기 위해 많은 노력들을 기울였다. 예를 들어 하버드대학교 비스연구소의 로버트 우드Robert Wood는 미국 방위고등연구계획국DARPA의 후원하에 10년 넘게 자율 비행 마이크로로봇, 일명 '로보비RoboBee'를 개발하는 프로젝트에 전념해오고 있다.

지금 미국 방위고등연구계획국에서는 곤충형 초소형 드론에 대한 연구를 지원하는 각종 프로젝트들이 진행 중인데, 그중에는 실제 곤충에 전자 장치를 이식해 일명 '사이버 버그cyber-bug'를 만드는 연구도 포함되어 있다. 그런 사이버 버그들

▲ 초소형 드론 로보비. 이런 장치들은 거의 탐지 불가능한 감시 능력 덕에 조만간 어디서나 아주 많이 쓰이게 될 것이다.

은 그 곤충들의 신경 속에 심어놓은 전선들을 통해 원격조종되며, 카메라와 도청 장치도 장착된다. 이는 자연과 진화의 원칙을 뛰어넘어 전혀 다른 기계공학적 방법으로 초소형 이동 감시 시스템을 구축하고 유지 · 강화하는 접근 방식이다. 이런 접근 방식을 택한 연구 프로그램들로는 미국 방위고등연구계획국의 '하이브리드 곤충 마이크로 전기기계 시스템' 프로그램, 싱가포르 난양공과대학교 히로타카 사토 박사의 사이보그 딱정벌레 프로그램, 그리고 노스캐롤라이나주립대학교의 바퀴벌레와 나방을 재난 현장 수색용 '바이오봇biobot'으로 만드는 프로젝트 등을 꼽을 수 있다.

그러나 SF 분야에서 바이오봇은 새로운 것이 아니다. 1964년에 이미 필립 K. 딕Philip K. Dick은 소설 『거짓말 주식회사Lies, Inc.』에서 이런 혁신을 정확하게 예견했다. 그 소설에서는 '파리 33408의 조종사'라고 자칭하는 빌 베렌이라는 인물이 자신의 감시 능력을 자랑하는 장면이 나온다. "파리 33408은 정말 최고입니다. 어디든 몰래 잠입해 아주 중요한 정보들을 수집하는 등 자기 일을 기막히게 해내거든요. 나는 그간 이런 파리 50마리를 직접 조종해왔는데 … 이 조그만 녀석만큼 잘해내는 놈은 없었어요."

전면적 정보 인지 프로그램

소설 『1984』에서 정말 디스토피아적인 요소는 단순히 에어스트립 원의 시민들을 감시하기 위해 감시 기술이 사용된다는 것뿐만이 아니라 빅 브라더가 그야말로 전방위적으로 시민들의 삶에 개입한다는 것이다. 오늘날의 우리에게 소설 『1984』가 더 와 닿는 것도 바로 이런 오싹한 비전 때문일 것이다. 지금 개인의 권리와 사생활은 거대 기업들과 정부에 의해 그 어느 때보다 위축되고 있다. 그러니까 페이스북, 구글 같은 거대 기업들이 개인의 정보를 집요하게 파고들고 있고, 미국이나 중국 정부는 자신들의 안보 기관을 이용해 그 어느 때보다 야심차게 개인의 자료를 수집 · 통제하고 있는 것이다.

그 대표적인 예가 '에셜론Echelon'으로, 미국 국가안보국NSA과 영국 정부통신본부GCHQ 그리고 기타 동맹국의 첩보 기관들이 10년 가까이 공동 개발한 이 초극비 프로젝트는 전 CIA 요원 에드워드 스노든Edward Snowden에 의해 그 실체의 일부가 드러났다.

에셜론은 개인 및 상업용 전자 통신부터 군사 및 민간 전자 통신에 이르는 모든 종류의 전자 통신을 도청하는 광범위한 감시 프로그램이었다. 특히 미국에서는 9·11 테러 이후 이 거대한 감시 프로그램이 전면적 정보 인지TIA: Total Information Awareness 프로그램으로 보다 섬뜩하게 바뀌었는데, 언제 어디서든 모든 종류의 통신을 모니터할 수 있고 각종 알고리즘과 키워드 중심의 필터링을 통해 그 어떤 의

▼ 1973년 미국 의회에서 열린 워터게이트 스캔들 청문회에 민주당 당사를 도청한 도청 장치가 제출된 장면.

심쩍은 대화도 엿들을 수 있다.

TIA 프로그램은 표면상으로는 실제로 사용되기 전에 용도 폐기되었지만, 감시 당국의 권한이 지나치게 남용되고 있다는 의혹은 여전히 사라지지 않고 있으며 영화 〈컨스피러시Conspiracy theory〉, 〈에너미 오브 스테이트Enemy of the state〉, 〈본Bourne〉 시리즈 등의 영화를 통해 계속 그런 의혹이 제기되기도 했다. 이런 상황은 조지 오웰 외에 다른 SF 작가들에 의해서도 일찍이 예견된 바 있다.

예를 들어 존 브루너John Brunner의 1975년 소설 『쇼크웨이브 라이더The shockwave rider』에서는 사악한 조직이 데이터를 조작해 전 세계를 마음대로 주무르고 있는 가운데 한 사람이 반기를 들고 컴퓨터를 해킹해 그 조직에서 도망치려고 한다. 1950년대부터 집필하기 시작한 제임스 블리시James Blish의 SF 시리즈 『우주 도시Cities in flight』에서는 통치를 하는 '도시의 아버지들'이 모든 사람의 대화를 엿듣고 바로바로 대응하는 등 끔찍한 수준의 감시를 한다. 이 소설에는 앤더슨과 크리스라는 인물이 나온다.

> 앤더슨이 의자의 스위치를 켰다. "확률은?" 그가 허공에 대고 말했다. "72퍼센트." 허공에서 이런 말이 들리고, 크리스는 깜짝 놀란다. 크리스는 아직 도시의 아버지들이 언제 어디서든 사람들이 하는 말을 다 엿듣고 있다는 사실에 적응이 안 된 상태였다.

많은 사람들이 정보기관에서 인공지능 알고리즘을 개발하고 있을 것이라고 믿고 있는데, 도시의 아버지들 역시 그런 알고리즘을 이용하는 것은 물론 경찰들의 대화까지 원격으로 모니터링한다. 한 번은 앤더슨이 논란이 될 만한 말을 하기 시작하자 갑자기 도시의 아버지들이 끼어들어 이렇게 말한다. "중단하시오!" 그러자 앤더슨이 말한다. "이런, 미안! 이미 한 단어를 너무 많이 말했거나 그럴 뻔 했네. 다른 말 하면 안 돼 크리스 … 그들은 이 상황에 대한 얘기를 모니터링하라는 명령을 받고 있어. 그러니 얘기가 느슨해지려고 하면 바로 중단해야 해."

이처럼 가차 없는 자기검열은 조지 오웰의 『1984』를 상기케 한다. 『1984』에서 빅 브라더는 언어 자체에 대한 통제를 통해 결국 사상 통제까지 하려 든다. "일단 '신어'가 완전히 정착하고 '구어'가 잊히면 이단적인 사상이란 정말 생각조차 할 수 없게 된다."

이처럼 암울한 억압 체제에서 한 걸음 더 나아가 에어스트립 원 시민들은 태어날 때부터 이 모든 것을 내재화하고 자신의 사상을 스스로 검열하는 훈련을 받는데, 그 훈련을 '죄 중단crimestop'이라고 한다.

> '죄 중단'은 무언가 위험한 생각을 하려 할 때 본능적으로 바로 멈출 수 있는 능력을 뜻한다. 태어날 때부터 이런 훈련을 받은 사람은 사실을 유추하지 못하고 논리적 오류를 인지하지 못하며 영국 사회주의에 반하는 더없이 단순한 주장도 이해하지 못하고, 이단적인 방향으로 이끌어갈 수 있는 생각을 지루해하거나 역겨워하게 된다. 간단히 말해서 '죄 중단'은 결국 스스로 우둔해져 자신을 보호하는 것이다. … 또 곡예사가 자신의 신체를 능수능란하게 컨트롤하듯 자신의 사고 과정을 철저히 통제하는 것이다.

왠지 구소련의 반체제 인사, 중국 문화혁명 시대나 캄보디아 크메르루주 통치 시대의 자본가 계급 또는 현재 중국 내 위구르족에 대한 사상 통제가 연상되지 않는가?

미래의 감시와 인공지능을 이용한 영상 조작

미국 국가안보국의 감시 프로그램인 TIA 프로그램처럼 전면적인 감시는 크로노스코프chronoscope(원래는 광속을 재는 기구지만 여기서는 현재는 물론 가까운 미래 등 언제 어디에서 일어나는 일이든 볼 수 있게 해주는 장치를 말한다)의 개념을 소개하는 SF 작가들이

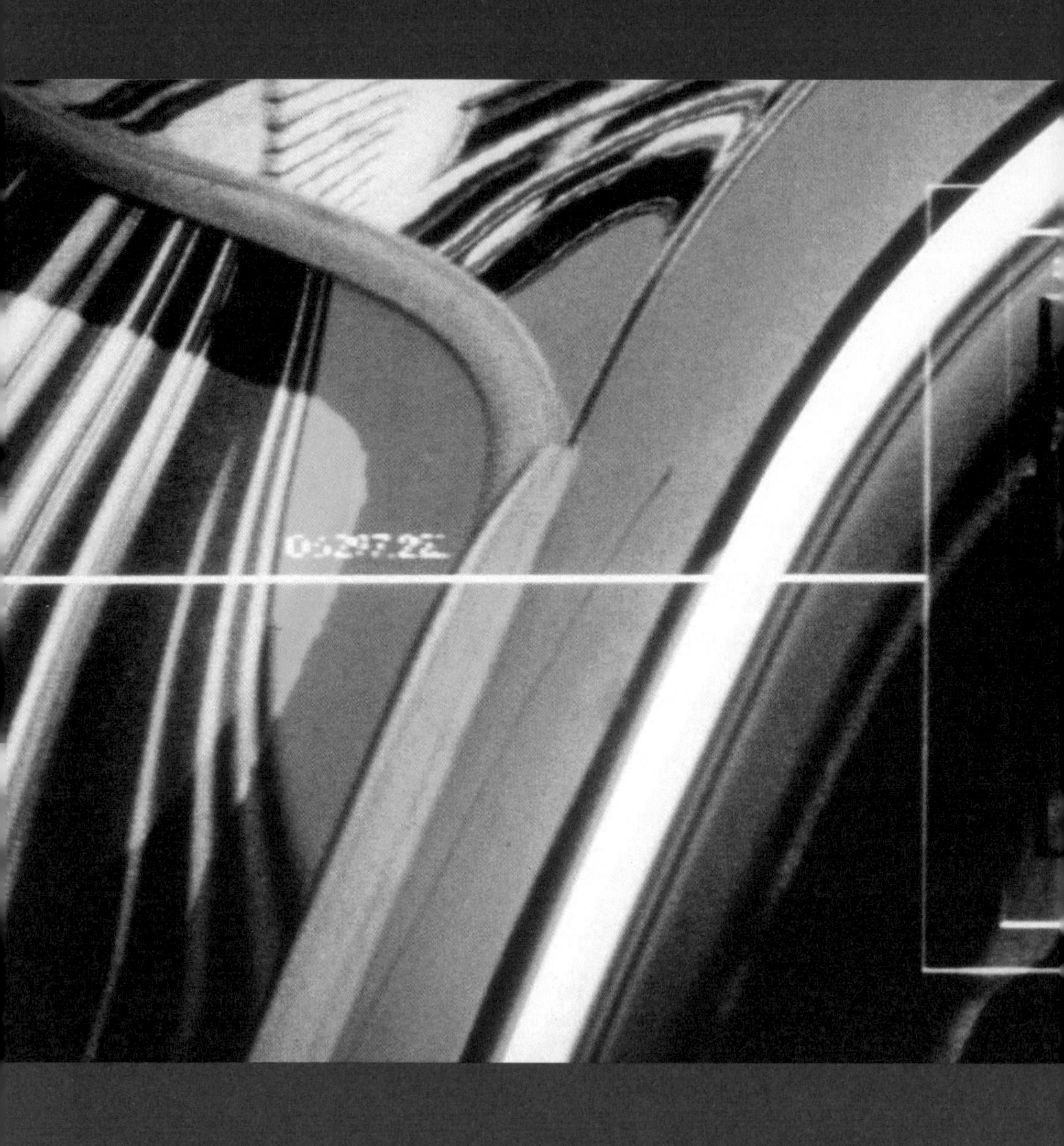

▲ 1998년 영화 〈에너미 오브 스테이트〉의 한 장면. 미국 국가안보국의 추적을 따돌리려 애쓰던 주인공이 감시 카메라에 포착되었다.

FLETCHER

◂ 2002년 영화 〈마이너리티 리포트〉의 한 장면.

◀ 얼굴 인식 기능이 들어간 것으로 보이는 스마트 안경을 쓰고 있는 중국 경찰.

일찍이 예견해온 것이다. 그 예 중 하나가 2002년에 나온 영화 〈마이너리티 리포트Minority report〉로, 필립 K. 딕Philip K. Dick이 1956년에 발표한 동명의 SF 소설을 바탕으로 한 이 영화에서는 미래를 내다볼 수 있는 돌연변이 세 사람이 사법 집행 기관을 만들어 미래에 저지르게 될 범죄를 이유로 사람들을 잡아들인다. 또 다른 예로는 역시 1956년에 발표된 아이작 아시모프의 「죽은 과거The dead past」를 꼽을 수 있는데, 이 소설에서는 크로노스코프 기술로 인해 개인의 사생활이 말살된다. 밥 쇼Bob Shaw가 1972년에 발표한 소설 『다른 날들Other days』도 여기 해당되는데, 이 소설에서는 더없이 미세한 특수 유리 조각들까지 감시 장치로 쓰이고, 억압적인 국가 보안대는 농약 살포 비행기를 동원해 자연 환경 속에 관찰용 매체 입자들을 살포하기까지 한다.

미국 SF 작가 데이먼 나이트Damon Knight는 1976년에 발표한 「나는 당신을 본다I see you」에서 이 모든 것을 다른 각도에서 접근한다. 이 이야기에서도 역시 도처에 널려 있는 감시 장치들 때문에 개인의 사생활이 말살되지만, 뜻밖에도 그 결과 아주 긍정적이고 유토피아적인 상황이 도래한다. 인류가 모든 콤플렉스와 노이로제에서 해방되고 온갖 자의식의 흔적에서 벗어나 기쁨 속에 존재하게 되는 것이다. 제레미 벤담은 유리로 둘러싸인 자신의 파놉티콘을 '악당들을 갈아 정직하게 만드는 제분소'로 보았는데, 데이먼 나이트는 악당의 의미를 확대해 모든 인간을 포함함으로써 오히려 해방을 안겨준 것이다. 이는 조지 오웰이 『1984』에서 미래를 암울하게 본 것과는 정반대다.

오웰이 예견한 암울한 미래는 그의 소설 속 빅 브라더의 다음과 같은 유명한 경고에 잘 드러나 있다. "미래를 그려보고 싶다면 군홧발로 영원히 인간의 얼굴이 짓밟히는 장면을 상상해보게." 빅 브라더는 세상 구석구석을 다 감시함으로써 미래를 바꾸고 싶어 할 뿐 아니라 과거에도 손을 댄다. 이 소설에서 주인공 윈스턴 스미스가 하는 일은 사회 전반적인 프로그램의 일환으로 역사를 다시 써 현실 자체를 고치는 것인데, 이는 오늘날 악명 높은 배우 또는 인간을 가장한 봇 프로그램, 극우주의자 등을 동원해 가짜 뉴스나 허위 정보를 퍼뜨리는 행위와 비슷하다. 윈스턴이 하는 일은 일종의 음성인식이나 음성 지시 편집 기술 같은 것을 사용하는 비교적 낮은 수준의 미디어 조작으로, 여기에 허위 정보 살포와 인공지능을 이용한 영상 조작 기술이 더해지면 더 섬뜩한 결과를 낳게 될 것이다. 인공지능을 이용해 비디오를 조작할 경우 여러 이미지들을 교묘하게 합성해 사람들이 전혀 하지도 않은 말이나 행동을 정말 한 것처럼 만들 수 있는데, 그것이 가짜라는 것을 알아채는 것은 거의 불가능하다.

11

복제 기술

〈스타트렉〉의 순간이동 장치에서 3D 프린터까지

절찬리에 방영된 미국 TV 시리즈물 〈스타트렉: 더 넥스트 제너레이션Star trek: The next generation〉에서 가장 자주 볼 수 있는 장면 중 하나는 여행용 우주선 엔터프라이즈 호의 선장 장-뤽 피카드가 조종실에서 혼자 허공에 대고 "홍차! 얼그레이로!"라고 말하는 장면이다.

그러면 선장의 그 지시가 끝나기 무섭게 문 없는 큰 붙박이 전자레인지처럼 생긴 기계가 김이 모락모락 나는 뜨거운 홍차가 담긴 멋진 고급 찻잔을 만들어낸다. 찻잔 밑에는 받침대까지 놓여 있다. 이 놀라운 장치는 바로 '복제기' 또는 '분자 합성기'로, 그야말로 무에서 유를 창조해내며 주로 음식을 만드는 데 쓰인다.

〈스타트렉〉에 나오는 다른 여러 첨단 장치들과 마찬가지로 이 복제기는 3D 프린터를 이용해 각종 음식과 플라스틱 및 금속 제품은 물론 심지어 아주 복잡한 기

◀ 〈스타트렉〉 오리지널 시리즈에 나온 음식 복제기. 복제된 와인 잔이 보인다.

계 부품까지 만들어내는 장치들을 개발하는 데 직접적인 영감을 주었다. 그러나 〈스타트렉〉이 무에서 유를 창조해내는 꿈같은 장치의 개발에 영감을 준 유일한 SF물은 아니다.

순간이동 또는 물질 전송 장치

〈스타트렉〉에 나온 복제기의 뿌리를 좇아 올라가기 위해서는 그것이 근본적으로 일종의 '트랜스포터transpoter'라는 것을 이해할 필요가 있다. 트랜스포터란 사람을 순식간에 여행용 우주선에서 행성 표면으로 이동시키는 '순간이동' 또는 '물질 전송' 장치다. 전해오는 이야기에 따르면 트랜스포터는 〈스타트렉〉 오리지널 시리즈 제작 시 예산 부족으로 행성 착륙용 우주선의 특수 효과 장면들을 찍을 수 없어서 고안해낸 장치라고 한다.

그러나 〈스타트렉〉에서 물질 전송 장치의 개념이 처음 만들어진 것은 아니다. SF물에 트랜스포터의 개념이 처음 등장한 것은 적어도 페이지 미첼Page Mitchell의 소설 「몸이 없는 남자The man without a body」가 나온 1877년까지 거슬러 올라가며, 이 이야기는 1957년에 나온 조지 랑겔란George Langelaan의 「플라이The fly」에 영감을 주게 된다. 「플라이」는 한 과학자가 전송 도중 배터리가 떨어지는 바람에 순간이동에 실패해 머리만 순간이동하게 된다는 내용의 SF 소설이다.

복제기의 기본 원리는 이 트랜스포터와 같다. 트랜스포터의 경우 어떤 물체의 원자 구조를 스캔한 뒤, 그 정보를 이용해 에너지-물질 전환 마지막 과정에서 그 물체를 그대로 복원해낸다. 사실 모든 트랜스포터는 일종의 복제기로, '물질 전송'이라는 말은 부적절한 말이다. 물질 자체가 전송되는 것이 아니고 정보만 전송되는 것이기 때문이다. 그러니까 커크 선장이 트랜스포터에서 걸어 나와 순식간에 어떤 행성 표면에 나타날 때, 사실 원래의 커크 선장은 트랜스포터 초기 작동 단계에서 해체되고 새로운 커크 선장이 복제되는 것이다.

이런 주제를 다룬 가장 초창기의 SF물 중 하나에서 소개된 순간이동의 작동 원리가 바로 이런 것이었다. 그 SF물은 바로 1910년에 나온 기욤 아폴리네르Guillaume Apollinaire의 소설 「리모트 프로젝션Remote projection」으로, 이 이야기에서는 한 발명가가 자신의 순간이동 장치가 사실은 복제기라는 것을 알게 되며, 그래서 결국 자신과 똑같은 복제 인간을 841명 만들어 전 세계에 뿌리게 된다. 이런 아이디어는 훗날 영국 철학자 데렉 파피트Derek Parfit의 그 유명한 '순간이동 장치에 대한 철학적 탐구'로 이어져, 다음과 같은 정체성의 연속성 문제들에 대한 심층 연구가 이루어졌다.

만일 트랜스포터가 실제로 복제를 하는 복제기라면, 트랜스포터에서 걸어 나오는 커크 선장과 순식간에 어떤 행성에서 사라지는 커크 선장은 동일인일까? 만일 행성에 있는 커크 선장이 순간이동 과정에서 해체되지 않고 그대로 살아남게 된다면, 그 두 커크 선장 가운데 어느 쪽이 진짜 커크 선장일까? 〈스타트렉: 더 넥스트 제너레이션〉에서는 바로 이런 의문에 답하기 위한 탐구를 계속한다. 그러니까 1993년에 나온 에피소드 '두 번째 기회' 이후 순간이동 장치가 고장이 나 윌 라이커가 두 번 복제되는(하나는 우주선 안에서, 또 하나는 한 행성에서) 일이 벌어지는 것이다. 그리고 결국 행성에 남겨진 복제본은 톰 라이커라는 이름으로 살아가게 된다.

▲ 스타트렉: 더 넥스트 제너레이션〉에서 트랜스포터 위에서 물질화 과정 중인 엔터프라이즈 호 승무원들.

음식 복제기

SF TV 시리즈물의 세계에서 〈스타트렉: 더 넥스트 제너레이션〉에 나오는 장-뤽 피카드 선장의 엔터프라이즈 호에 있던 복제기들은 〈스타트렉〉 오리지널 시리즈에 나오는 제임스 커크 선장의 엔터프라이즈 호에 있던 복제기들보다 더 발전된 형태의 음식 합성 장치들이다. 장-뤽 피카드 선장의 엔터프라이즈 호에 있던 복제기들은 이후의 복제기들과 아주 비슷하지만 〈스타트렉〉 시나리오 작가들은 이것들을 단순한 물질-에너지 전환 장치보다 발전된 음식 제조 장치로 생각했다. 그러니까 그들은 SF물의 세계에서 오래전부터 등장한 자동 음식 제조 장치를 텔레비전 방송에 맞는 형태로 제시한 것이다.

복잡한 요리 작업들을 자율적으로 수행하는 기계 '로봇 요리사'는 엘리자베스 벨러미Elizabeth Bellamy의 1899년 소설 『엘리의 자동 하녀Ely's automatic housemaid』에서 볼 수 있다. 이는 후에 나올 음식 합성 장치들의 전신이라고 볼 수 있다.

에드거 라이스 버로스의 소설에 나오는 화성의 매점들에는 특별한 설명은 없는 '기계장치'가 등장한다. 1912년에 내놓은 소설 『화성의 공주』에서 버로스는 오토매트automat(1902년 독일에서 미국으로 유입된 일종의 자판기 식당)에서 영감을 얻은 것으로 보이는 화성 식당들에 대해 이렇게 설명한다. "모든 것이 기계장치에 의해 제공되는 멋진 식당이다. 이 식당에서는 원재료를 가지고 요리를 시작할 때부터 따끈하고 맛있는 음식이 되어 손님의 식탁에 나올 때까지 사람 손은 전혀 거치지 않는다. 손님들이 조그만 버튼들을 눌러 원하는 음식을 알려주기만 하면 기계장치가 모든 것을 다 해내는 것이다." 〈스타트렉〉에 나오는 음식 합성기들은 버로스의 이런 기계식 식당의 축소판이라 할 수 있다.

그리고 1933년에 이르러 데이비드 H. 켈러David H. Keller는 '냉장고보다 그리 크지 않고 모든 것이 자동화돼 있고 누구나 사용 가능한, 작지만 완벽한 음식 제조실'을 상상해낸다. 자신의 소설 「우리를 위해 한 아기가 나셨네Unto us a child is born」에서 켈러는 손님이 원하는 음식을 만들어 테이블에 내줄 수 있는 기계를 상상한다.

"손님은 그저 스물다섯 가지 음식 중 하나를 골라 적절한 버튼들을 누르기만 하면 된다."

최근에는 〈스타트렉〉의 복제기에서 영감을 받은 것으로 보이는 '지니'라는 이름의 음식 복제기가 출시되어, 적당한 크기의 주방용 음식 합성기의 꿈이 조금이나마 실현되었다. 전자레인지보다 그리 크기 않은 미래지향적인 스타일의 지니는 '박스 안에 들어 있는 주방'으로 불리며, 30초 만에 영양가 높고 갓 조리된 음식을 선보인다. 다만 이 장치는 특수 용기에 담긴 건조된 식재료들을 가지고 음식을 만든다. 다시 말해 이 장치 덕에 음식을 준비하는 수고를 덜게 됐지만, 이 장치는 그저 건조시킨 면이 든 용기에 뜨거운 물을 붓는 장치에 지나지 않을 수도 있다.

복제 세상

만일 물질-에너지 전환 복제기가 실제 존재한다면 어떨까? 복제기가 보여주는 물질 복제는 필경 그 어떤 사회에든 극도의 혼란을 야기할 것이다. 그런 시나리오는 SF 작가들에 의해 이미 탐구된 바 있다. 예를 들어 조지 O. 스미스George O. Smith는 1945년 「판도라즈 밀리언즈Pandora's millions」를 시작으로 일련의 SF 소설들을 써나갔는데, 「판도라즈 밀리언즈」에서는 물질 복제로 인해 상상 가능한 모든 교환 수단, 즉 화폐가 무용지물이 되어버리고 결국 복제할 수 없는 원소인 '아이덴티움identium'이 발견되면서 그것이 새로운 화폐의 기준이 된다. 또 데이먼 나이트의 1959년 소설 『사람 제조기The people maker』에서는 한 발명가가 자신을 포함한 모든 것을 복제할 수 있는 장치인 '기스모Gismo' 수십 개를 배포한다. 기스모로 복제할 수 없는 것은 인간의 노동력뿐이다. 그 결과 채 몇 주도 안 돼 문명이 붕괴되고 인류 사회는 종말 이후 노예제 기반의 디스토피아로 변하며, 군벌들은 기스모를 조종해 자신들의 마음에 드는 인간들만 복제해 노예 군대를 만든다. 그러나 1958년에 나온 랠프 윌리엄스Ralph Williams의 소설 「변화 중에도 평소와 다름없이Business as usual, during alterations」에서는 복제기에 대한 관점이 보다 낙관적으로 변해 미국 사

LUST AND DECADENCE
RULED A WORLD
GONE MAD

DAMON KNIGHT

THE PEOPLE MAKER

A ZENITH ORIGINAL

ZB-14

회가 빈곤에 기초한 경제에서 풍요에 기초한 경제로 바뀌는 모습을 그리고 있다.

3D 프린팅 혁명

〈스타트렉〉에 나오는 장치들은 주로 에너지를 물질로 전환시키는 역할을 한다. 그런데 사실 이런 관점에는 문제가 있다. 아인슈타인의 유명한 공식 $E=mc^2$은 에너지와 질량은 동전의 앞뒤 면과 같은 것으로 서로 전환 가능하다는 걸 보여주지만, 복제기에서 보듯 에너지를 물질로 전환하는 과정에서 인간의 통제가 개입되는 현실과 이런 근본적인 물리학 원칙 사이에는 상당한 간극이 존재한다. 예를 들어 차 한 잔을 만들어내는 데 필요한 에너지의 양은 약 6메가톤의 TNT, 즉 1945년 히로시마에 투하된 원자폭탄의 약 400배에 가까운 에너지와 맞먹는다. 〈스타트렉〉 같은 가상의 미래 세계에서는 그런 에너지가 별 게 아닐지 모르지만, 현실에서는 얘기가 전혀 다르다.

현재 우리 인간은 그나마 원자로나 핵폭탄 같은 환경에서나 극미량의 물질을 에너지로 전환시킬 수 있을 뿐이다. 따라서 현재 그런 일은 스위스 제네바 유럽입자물리연구소CERN에 있는 거대 하드론 충돌기의 충돌실 안에서나 실현 가능하다. 그렇게 아주 특별한 환경에서 광속에 가까운 속도로 입자들을 가속화시키면 이따금 약간의 아원자 입자들이 순간 존재했다 사라지는데, 그것만으로는 얼그레이 한 잔을 만드는 것도 거의 불가능하다.

그렇다면 사람들이 '〈스타트렉〉에서 영감을 받아 만들어진 현실 세계의 복제기' 운운하며 열을 올릴 때 오늘날의 기술을 촉진하게 될 그 기계는 대체 무엇일까? 사람들이 말하는 그 기계는 바로 3D 프린터다. 이 프린터는 여러 가지 형태의 신축

◀ 데이먼 나이트의 소설 『사람 제조기』의 표지.

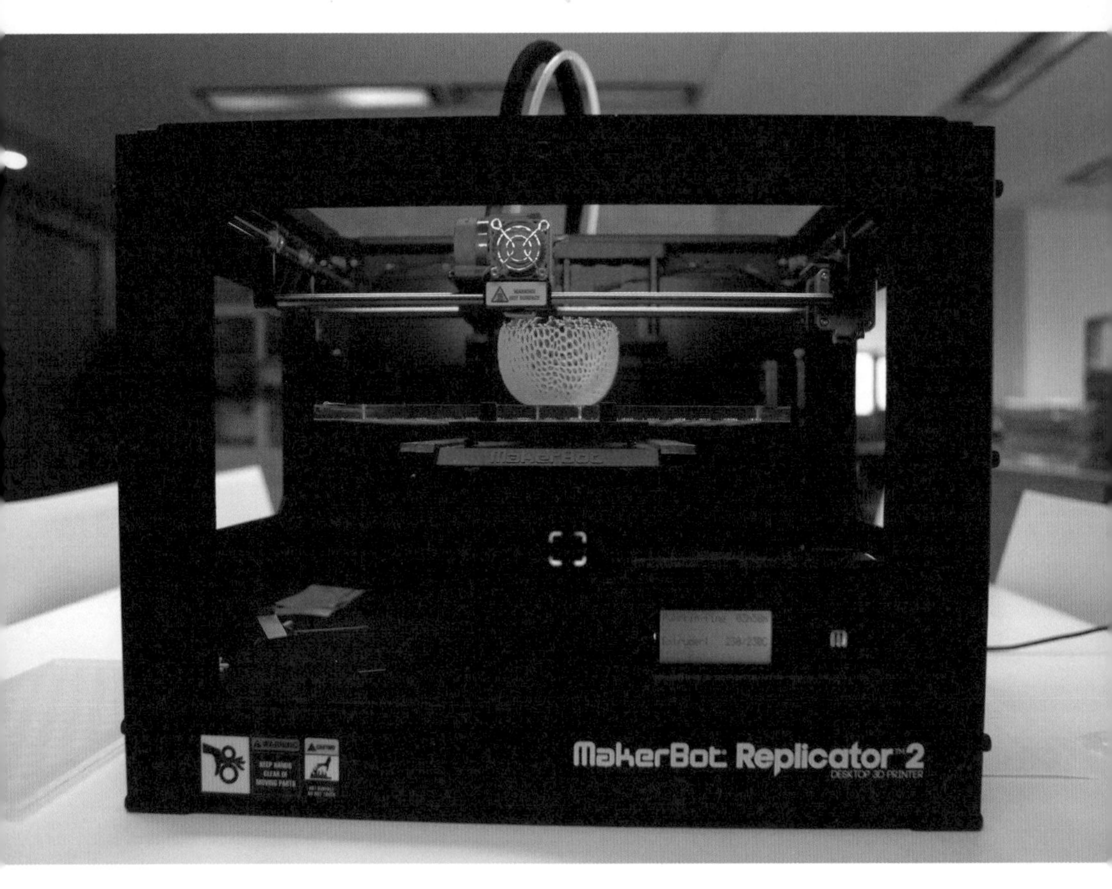

▲ 작동 중인 3D 프린터 '메이커봇 리플리케이터'. 플라스틱 매체를 이용해 한 번에 한 층씩 디자인해나간다.

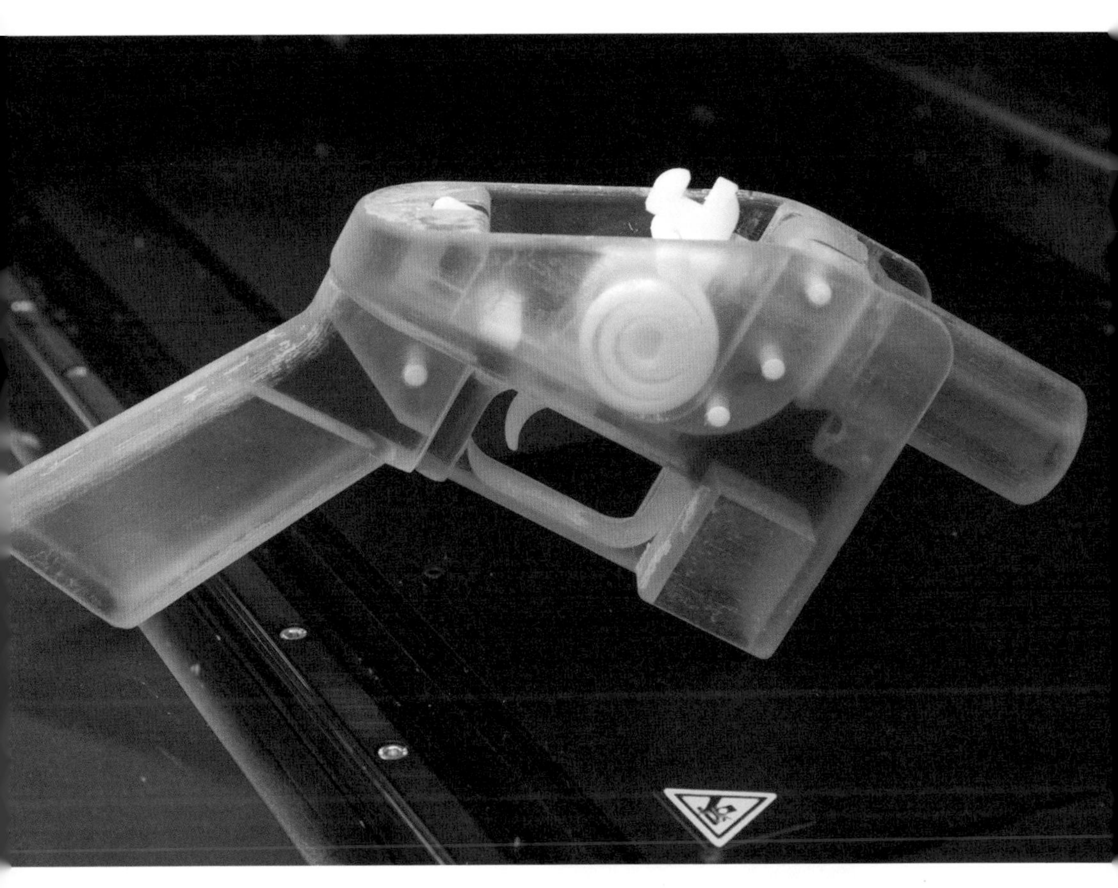

▲ 3D 프린터로 플라스틱 부품을 이용해 만든 권총.

성 있는 플라스틱 재료를 가지고 겹겹이 쌓아올려 3차원 형태의 물건을 찍어내는 장치다. 이 프린터들은 지금 4차 산업혁명의 견인차가 돼줄 것으로 여겨지고 있는데, 4차 산업혁명 시대에는 제조업이 널리 활성화되고 일반화되어 탁상용 3D 프린터로 모든 것을 만들 수 있게 된다. 이 장치들은 이미 널리 사용 중인데, 주로 빨리 굳는 플라스틱 또는 수지를 이용해 제작하는 데 한정되어 있다. 그러나 좀 더 크고 좀 더 전문화된 3D 프린터들은 살아 있는 세포와 식품에서부터 금속, 진흙 또

◀ 이탈리아 작가 프리모 레비.

는 콘크리트에 이르는 다양한 매체들을 이용한다. 예를 들어, 규모가 큰 콘크리트 프린터들은 난민 수용소처럼 신속하고 저렴하게 지어야 하는 경우에 해결책이 될 수 있는 것이다. 한편 의료 분야에서 이식이나 조직 교체 등이 필요한 경우 특정 장기 위에 세포들을 층층이 깔아 프린팅할 수 있으며, 어쩌면 가까운 미래에는 이식용 장기를 통째로 프린팅할 수도 있을 것이다.

3D 프린팅 업계에서는 흔히 3D 프린터는 〈스타트렉〉에 나오는 복제기와 책상용 조립기 등에서 영감을 받아 만들어진 것이라고 말하지만, 사실 3D 프린터와 복제기, 책상용 조립기의 작동 원리는 서로 전혀 다르다. 개념상 3D 프린터의 진정한 조상은 1964년 이탈리아 작가 프리모 레비Primo Levi가 쓴 소설 「싼 물건에 대한 주문L'rdine a buon mercata」에서 찾을 수 있다. 수상한 한 다국적 기업이 '모방 복제기'라는 장치를 만들어내는데, 이 장치를 이용하면 돈에서부터 다이아몬드, 음식 그리고 인간에 이르기까지 모든 것을 똑같이 복제할 수 있다. 프리모 레비는 이 장치가 "여러 원소들로 이루어진 '파불럼'이라고 하는 물질의 극도로 얇은 층들을 압출하는 방식으로 복제한다"고 말한다. 그런데 놀랍게도 그의 이 말은 오늘날 3D 프린터의 작동 방식을 너무도 정확하게 설명하고 있다.

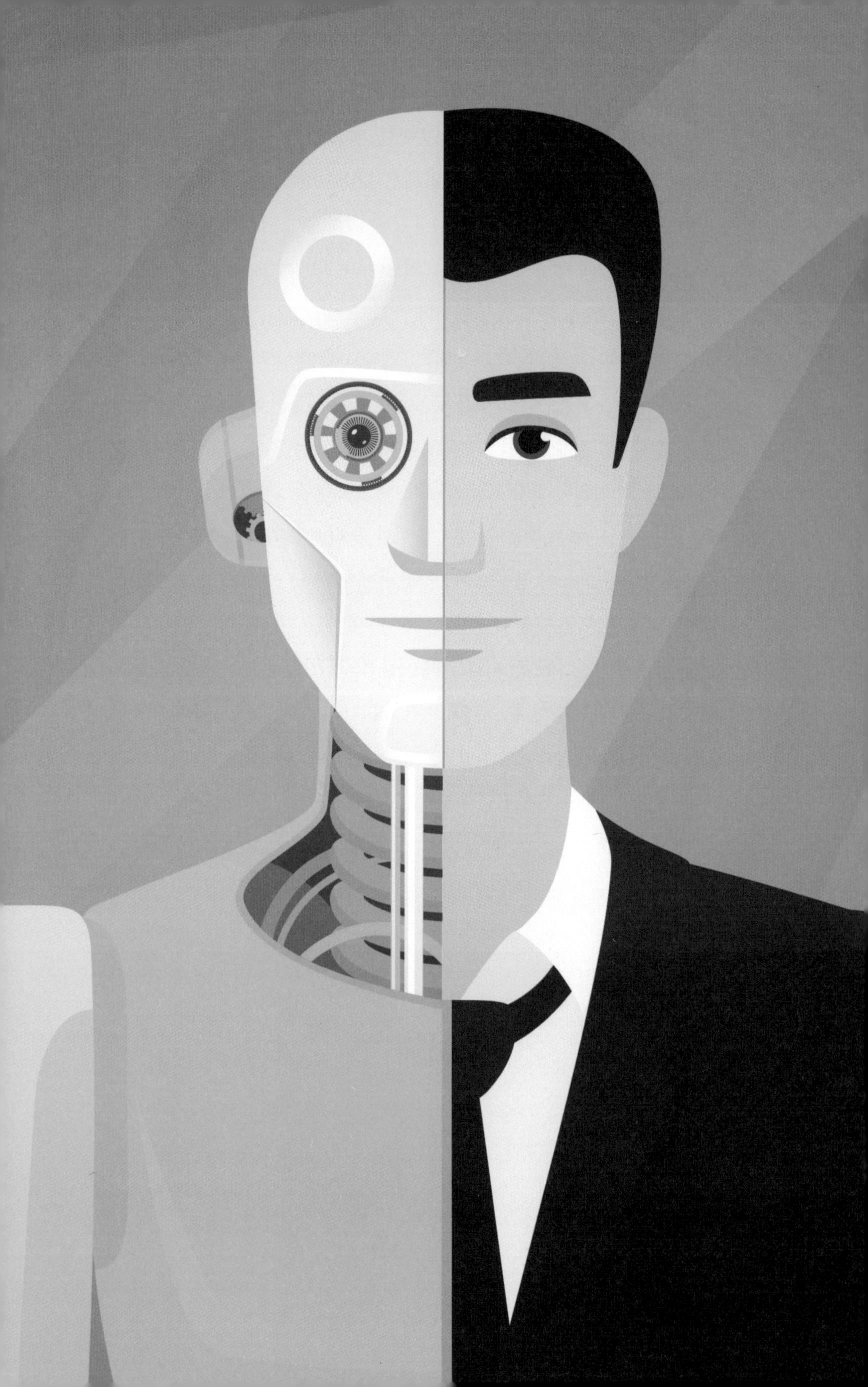

PART 4

의학 & 생체공학

12

마법의 광선

『일렉트라』의 마법 상자와
뢴트겐의 X선 발견

1895년부터 1905년까지 10년간은 물리학 분야에서 놀라운 과학적 발견들이 이루어진 시기로, 방사선부터 아원자 입자 그리고 상대성 이론에 이르는 많은 현상들이 이 시기에 빛을 봤다. X선의 발견은 이와 같은 놀라운 과학적 발견들에 돌파구를 마련해준 출발점으로, 과학의 발전과 과학에 대한 대중의 인식 그리고 곧 이어 등장할 SF 소설들에 일종의 촉매제 역할을 했다. 그런데 이 X선의 발견 역시 SF 소설에서 먼저 예견되었다. 이 유명한 과학적 업적이 그보다 3년 전에 쓰인 한 환상적인 소설에서 놀랄 만큼 자세하게 예견되었던 것이다.

미지의 광선 X

X선은 전자기파 스펙트럼 내에서 감마선과 자외선 사이에 걸쳐 있는, 0.01나노

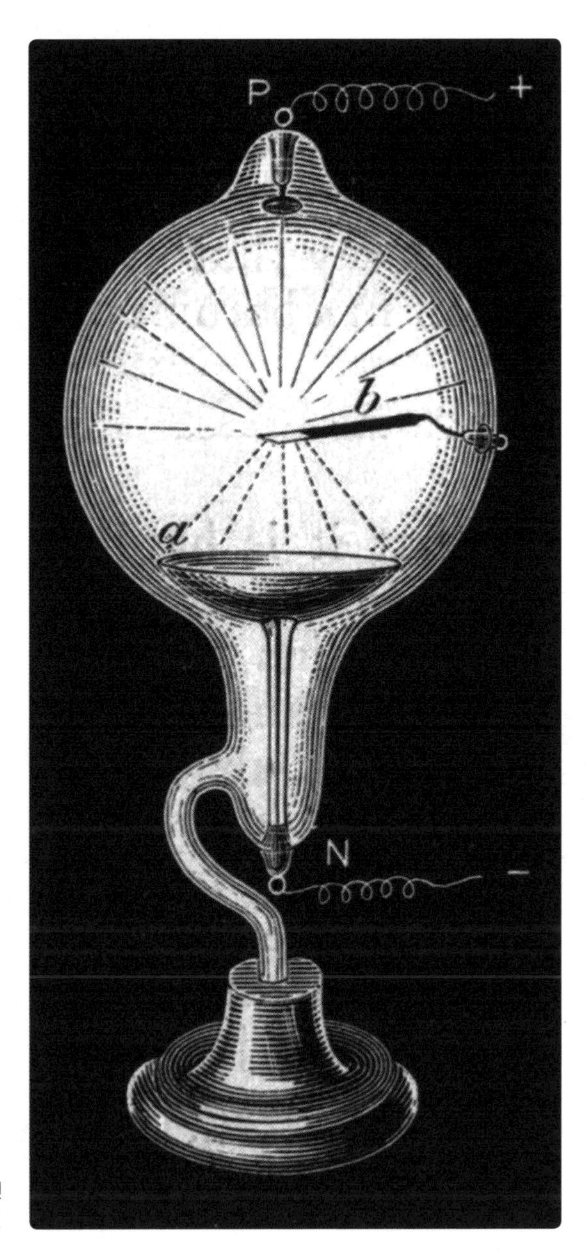

▶ 음극선이라고 알려진 전자들의 광선을 만들어내는 크룩스관의 초기 모델.

미터부터 10나노미터까지의 파장을 가진 고에너지 전자기 복사를 가리키는 말이다. X선은 독일 물리학자 빌헬름 콘라드 뢴트겐이 크룩스관을 가지고 실험을 하는 과정에서 발견해 붙인 이름이다.

영국 빅토리아 시대의 물리학자 윌리엄 크룩스의 이름을 딴 크룩스관은 공기를 다 빼버린 상태로 밀봉한 유리관으로, 관의 한쪽 끝 안에 음극(음전기 단자)이 있다. 이 장치는 전원을 연결할 경우 그 음극에서 '음극선'이라 불리는 미지의 에너지 또는 입자가 방출된다고 여겨졌다. 오늘날 그 음극선은 전자들의 흐름이라고 알려져 있다. 그 전자들의 흐름과 관련해 가끔 나타나는 한 가지 현상이 있는데, 그것은 에너지를 띤 전자들이 속도가 떨어지면서(예를 들어 크룩스관의 한쪽 끝 유리벽에 부딪쳐) 광자 형태의 에너지를 발산한다는 것이다. 그것이 바로 '전자기 복사'라는 것이다. 전자의 속도가 떨어짐에 따라 방출되기 때문에 이를 '제동 방사', '제동 복사'라고도 한다. 이 방사선은 전자기파 스펙트럼의 X선 영역에 해당될 정도로 고에너지 상태를 띠기도 한다.

1895년 11월 8일 저녁, 뢴트겐은 캄캄한 암실에서 검은색 골판지로 감싼 크룩스관을 가지고 실험을 하고 있었다. 방 한쪽 끝에 방사선을 쬐면 에너지를 얻는 형광물질인 바륨 플라티노시아나이드라는 물질을 바른 종이를 놔두었는데 그가 크룩스관에 전기를 연결하자 종이가 빛을 발했다. 뢴트겐은 크룩스관 안쪽에 있는 음극선은 유리관 밖으로 새어나오지 못하며, 크룩스관을 둘러싼 검은색 골판지나 그 사이에 있는 공기를 통과하지 못한다는 걸 잘 알고 있었다. 결국 무언가 알 수 없는 에너지가 크룩스관에서 방출된 것이 틀림없었다. 그는 이 실험에 대해 이렇게 기록했다. "간단하게 말하기 위해 나는 '광선rays'이라는 용어를 쓰고 싶었고, 다른 광선들과 구분하기 위해 'X선X-ray'이라는 말을 썼다." 그러니까 뢴트겐은 대수학에서 미지의 요소를 X라고 하듯 X라는 말을 사용한 것이다.

그리고 뢴트겐은 그 다음 실험에서 정말 획기적인 발견을 했다. 그는 X선의 특성과 힘을 알아내기 위해 체계적인 실험을 했다. 그 실험을 통해 그는 무엇보다도

◀ 초창기의 X선 촬영 장면을 담은 삽화.

X선이 다양한 물질들을 뚫고 지나간다는 사실을 알게 됐다. 뢴트겐은 그 X선을 형광 스크린과 사진 건판에 비추면서 그 사이에 여러 가지 물질들을 집어넣어 X선이 어떤 물질을 투과하는지를 실험했다. 실험 중 아내의 결혼반지를 낀 손을 찍은 X선 사진은 특히 유명하다. 그는 이렇게 기록했다. "X선 방출 장치와 형광 스크린 사이에 손을 집어넣으면 손 그 자체의 이미지는 희미해지고 살보다는 뼈 부위가 더 검게 나타난다." 이렇게 해서 뢴트겐은 이전에는 볼 수 없었던 것을 볼 수 있게 해주는, 그러니까 살 자체를 투명하게 만들어 뼈만 볼 수 있게 하는 더없이 강력한 수단을 발견하게 된다.

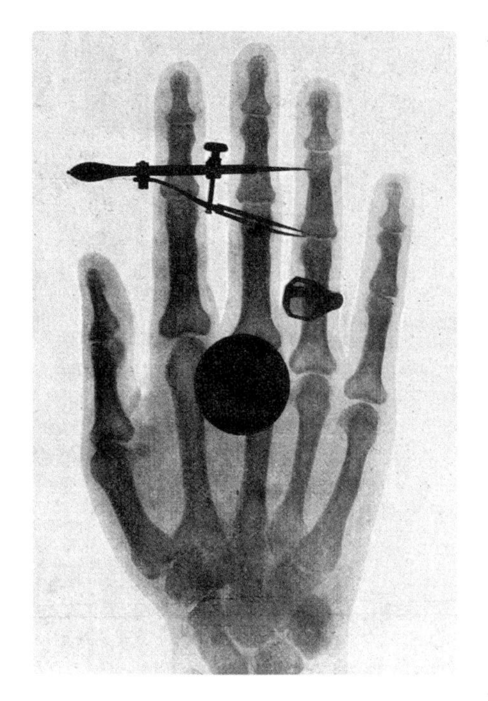

◀ 반지 낀 손에 각도기를 올려놓고 찍은 X선 사진.

일렉트라의 선물과 뢴트겐의 발견

뢴트겐이 이처럼 특별한 발견을 하기 3년 전에 필랜더Philander라는 필명으로 활동한 독일 의사 루트비히 호프Ludwig Hopf는 같은 주제를 가지고 동화를 썼다. 동화 「일렉트라: 20세기의 신체 진단 이야기Electra: A physical diagnostic tale of the twentieth century」에서 호프는 약 100년 후의 미래에 사는 한 젊은 의사 이야기를 들려준다.

정확한 진단을 위한 조직 검사를 완강하게 거부하는 한 까다로운 환자 때문에 좌절감에 빠진 그 의사는 시골길을 배회하며 큰 소리로 혼잣말을 한다. "사람 몸을 해파리처럼 투명하게 들여다볼 수 있는 방법만 있다면!" 그랬더니 놀랍게도 그 앞에 눈부신 빛과 함께 한 여인이 나타난다. 20세기의 요정인 일렉트라였는데, 그녀가 그의 손에 묘한 빛을 내뿜는 상자를 쥐어준다. 그러자 방금 전 의사가 빌었던 것처럼 근처에 있는 나무가 해파리처럼 투명해진다. 그가 일렉트라가 준 상자를 이용해 개구리를 보자 개구리 역시 해파리처럼 투명해진다. 의사는 바로 집으로 달려가 그 상자를 이용해 환자에게 정확한 진단을 내린다. 그 상자는 아주 간단한 전기 장치였고, 그래서 의사는 세상에 그 상자의 구조를 자세하게 알려주어 인류의 구세주처럼 유명해진다.

그런데 루트비히 호프의 예견은 한 가지 측면에서 틀렸다. 그의 동화가 현실이 되는 데 100년이 훨씬 안 걸린 것이다. 뢴트겐은 3년 후인 1896년 1월에 자신의 새로운 발견과 그 응용 방법 등을 뷔르츠부르크 물리 · 의학 협회에 보고했고, 놀라운 광선의 발견으로 인류에 크게 공헌한 것을 인정받아 1901년에 노벨 물리학상을 수상한다.

그로부터 채 몇 주도 지나지 않아 뢴트겐의 발견은 의료진들에 의해 진단 목적으로 사용되기 시작했고, 그해 1월 26일자 『뉴욕 타임스』 1면에는 이런 내용의 기사가 실렸다.

> 뢴트겐 교수가 새로운 사진 촬영술을 세상에 알린 게 3주밖에 안 됐는데 … 과학 역사상 그 어떤 위대한 발견도 이렇게 빨리 인정받고 이렇게 빨리 실생활에 활용된 경우는 없다. 그의 새로운 촬영술은 이미 유럽 외과 의사들 사이에서 사람의 손과 팔, 다리 등에 박힌 총알 따위의 이물질을 찾아내고 인체 여러 부위의 뼈들과 관련된 질병을 진단하는 데 성공적으로 활용되고 있다.

그해 2월 3일에는 북미 지역에서도 X선 촬영술이 처음 활용되기 시작한다. 뉴햄프셔 주 다트머스에 사는 한 진취적인 사진사가 X선 발견에 대한 기사를 읽고 현지 물리학 전문 기관에 연락해 그들이 X선을 방출하는 크룩스관을 제공한다면 자신은 사진 건판들을 제공하겠다고 제안한 것이 계기가 되었다. X선으로 진단받은 미국 최초의 환자는 스케이트를 타다가 팔이 부러진 10대 소년이었다. 그해가 가기 전 스코틀랜드의 글래스고 왕립 병원은 세계 최초로 방사선과를 신설해 X선

◀ 개구리의 모습을 찍은 초창기의 X선 사진.

을 이용해 처음으로 신장 결석을 발견했고, 한 아이의 목 안에서 동전을 찾아냈으며, 움직이는 개구리의 다리를 촬영하는 등 세계 최초의 기록들을 다수 보유하게 된다.

인류가 기다려온 발견들

루트비히 호프의 동화와 뢴트겐의 발견 사이에는 놀라운 공통점이 있는데, 거기에는 어떤 인과관계가 있을까? 뢴트겐이 호프의 동화를 알고 있었다는 증거는 전혀 없어서 그 이야기가 뢴트겐의 연구에 어떤 영향을 주었는지 여부는 알 길이 없다. 뢴트겐의 발견은 선입견 없이 실험을 파고든 끝에 얻은 결과로 보인다. 물론 그 당시 호프의 이야기는 널리 알려지지도 않았고 영어로 번역된 것도 비교적 최근의 일이기는 하지만 호프의 이야기와 의학 분야에서 신속하게 X선을 활용한 데는 어

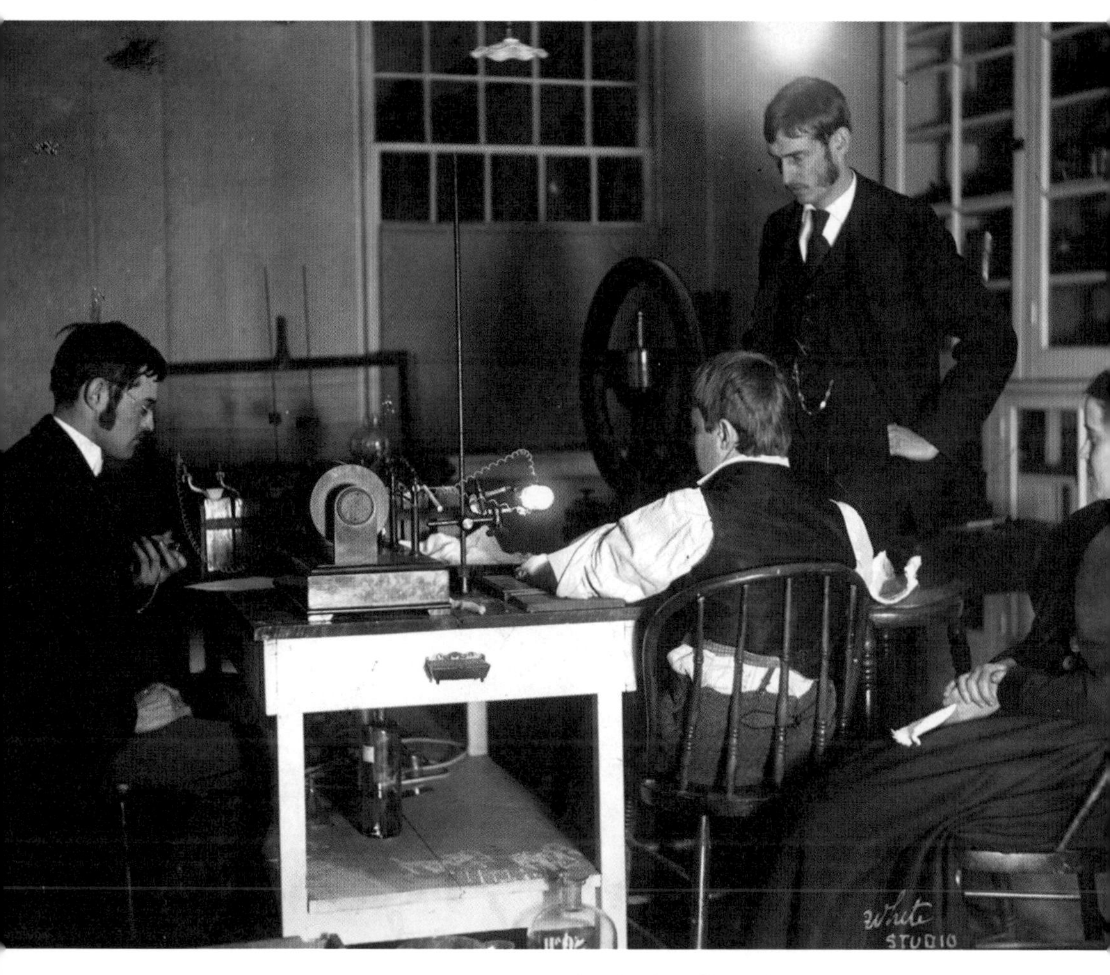

▲ 미국 최초의 X선 촬영 현장. 팔이 부러진 어린 아이가 사진 건판 위에 팔을 올려놓고 있다.

떤 관계가 있을 가능성이 얼마든지 있다.

호프의 이야기와 신속한 X선 활용 간에 어떤 관계가 있다면, 그것은 아마도 둘 다 나타날 만한 때가 되어 나타났다는 것이리라. 과학적 발견과 기술 발명의 역사에서 되풀이해서 나타나는 현상 한 가지는 그런 일들의 돌파구가 마치 그럴 만한 때가 됐다는 듯 거의 동시다발적으로 나타난다는 것이다. 미국 철학자이자 특별한 사건들의 연대기를 주로 다루는 작가 찰스 포트Charles Fort는 증기기관 기술이 고대부터 잘 알려진 기술임에도 불구하고 빅토리아 시대가 될 때까지 비약적인 발전을 하지 못한 이유를 파고든 끝에 이런 결론을 내렸다. "인류 사회는 증기기관 시대가 오기 전까지는 증기기관 사용법을 알아내지 못한다." 이런 현상은 미적분학과 진화론의 자연도태설에서 전구와 무선전신의 발명에 이르는 많은, 아니 어쩌면 거의 모든 획기적인 과학적 발견들에 적용된다.

이런 일련의 관점은 미국의 로버트 K. 머튼Robert K. Merton 같은 사회학자들에 의해 발전됐는데, 머튼의 경우 많은 과학적 발견은 '인접 가능성'이라는 맥락에서 이뤄진다고 주장했다. 어떤 발견이 이루어지면 그와 인접한 분야들에서 새로운 발견들이 일어날 가능성이 높아진다는 것이다. 그러니까 앞서 어떤 조치들이 취해져 다른 아이디어들이 빛을 발할 토대가 마련되면 그제야 비로소 새로운 아이디어들이 생겨나게 된다는 것이다.

X선 기술과 일렉트라 이야기에 국한해서 보자면, 루트비히 호프의 이야기를 영어로 번역한 의학 역사가 폴 포터Paul Potter는 호프가 질병 세균설 및 장기 중심의 진단과 관련된 많은 발전을 염두에 두고 글을 썼다고 주장한다. 즉 호프는 그리스 의학 사상의 하나인 체액설 같은 초창기 이론들보다 한 걸음 앞서갔다는 것이다.

▶ SF 소설의 단골 메뉴인 광선총이 등장하는 SF 잡지 『어메이징 스토리즈』의 1934년 1월호 표지.

AMAZING STORIES

JANUARY

25 Cents

TRIPLANETARY

A New Serial by Doctor Edward E. Smith

MASTER OF DREAMS

By Harl Vincent

OTHER SCIENCE FICTION

By Well Known Authors

폴 포터는 이렇게 말했다. "그러니까 과학자들은 환자가 죽어서 시체가 되기 전 신체에 어떤 변화들이 일어나는지 알아낼 방법을 찾는 데 집중하고 있다는 얘기다." 다시 말해 살아 있는 인체를 들여다볼 수 있는 기술에 대한 필요성이 점점 커지고 있었다는 것이다.

이 모든 것이 바로 호프가 동화를 쓰게 된 배경이었다. 결국 간절히 원하며 찾던 힘을 요정을 통해 얻게 된다는 상상을 통해 자신의 의학적 바람을 표현했고, 그러다가 마침내 뢴트겐의 X선 덕에 그런 힘을 갖게 된 것인데, 이는 결국 바로 그러한 발전을 기다려온 한 전문가가 그 기회를 잡은 것이라 할 수 있다.

광선들의 시대

SF 소설이 뢴트겐의 X선 발견에 직접적인 영향을 주지는 않았을지 모르나 X선은 이후 SF 소설의 발선에 지대한 영향을 주게 된다. X선이 SF 소설의 단골 메뉴가 된 것이다. 에드워드 E. 스미스Edward E. Smith는 자신의 「렌즈맨Lensman」 시리즈에서 '스파이 광선'이라는 개념을 반복해서 사용했다. 스파이 광선은 그가 1934년에 발표한 소설 「행성 간Interplanetary」에서 만들어낸 말이다. 스파이 광선과 비슷한 개념으로 'X빔 프로젝터'라는 말도 있는데, 이 말은 고든 가일즈Gordon Giles가 1937년에 발표한 소설 「다이아몬드 미행성Diamond planetoid」에서 쓴 말이다.

> 부드러운 X선 펜슬이 그의 능숙한 손길을 따라 약 6미터 정도 크기의 미행성 안을 탐사하자 유광 차트 안에서 그 반사 이미지들이 유령처럼 떨어댔고 … 오스굿은 기관총 사수처럼 전문가다운 동작으로 X빔 프로젝터, 즉 'X건'의 손잡이를 돌렸다.

그러나 SF 소설의 광선들은 X선에서 멈추지 않았다. 당대의 가장 획기적인 과학적 발견들 중 하나로 손꼽히는 뢴트겐의 발견 덕에 이제 각종 광선은 사람들이 첨단 과학에 대해 이야기할 때 빼놓을 수 없게 되었는데, 이는 오늘날 사람들이 첨단 과학에 대해 이야기할 때 '양자' 이야기를 빼놓지 않고 하는 것과 비슷하다. 상상 가능한 모든 광선이 곧 SF 소설의 단골 메뉴가 되었고, 우주 관련 텔레비전 드라마에도 많은 광선총이 등장했다.

13

생체공학

프랑켄슈타인 vs. 진화하는 인간

1896년에 나온 H. G. 웰스의 소설 『모로 박사의 섬The island of Dr. Moreau』에서는 한 조난자가 미치광이 과학자 모로 박사가 만들어낸 괴기스러운 인간-동물 잡종들이 사는 남태평양의 한 이상한 섬에 가게 된다. 모로 박사는 1818년에 출간된 메리 셸리Mary Shelly의 소설 『프랑켄슈타인Frankenstein』과 마찬가지로 오만한 현대 과학에 대한 불안감을 상징하는 존재가 되었다. 이들을 통해 우리는 자연스러운 것과 인위적인(보다 정확하게 말하자면 부자연스러운) 것 사이의 불분명한 경계가 허물어질 때 야기될 수 있는 본능적인 불안감을 엿볼 수 있다. 모로 박사의 혐오스러운 괴물들과 생물학 분야에서의 다윈 혁명 및 현대 생물학의 추세(유전공학, 생식세포 조작, 유전자 변형에 의해 만들어진 잡종들, 급진적인 이식 등) 사이에는 어떤 관계가 있을까?

▲ H. G. 웰스의 『모로 박사의 섬』에 삽입된 삽화.

병적인 일탈에 대한 우려

웰스의 소설 『모로 박사의 섬』에서 배가 난파된 후 구조된 프렌딕은 식인을 했다는 의심을 받아 다시 한 번 표류하게 된다. 그리고 한 섬에서 기이한 공동체를 이루고 살아가는 사람들에 의해 다시 구조된다. 그런데 프렌딕은 자신을 구해준 배의 선원들을 보고 '섬뜩할 만큼 추한 무리'라고 표현하면서 무언가 일이 잘못되어가고 있다는 것을 처음으로 암시한다. 그는 이렇게 말한다. "그들의 얼굴은 뭔가 이상했다. 이유는 잘 모르겠지만 구역질이 날 만큼 역겨운 느낌이 들었다." 그를 구해준 선원들의 리더가 그에게 이렇게 설명한다. "여긴 일종의 생물학적 실험실입니다." 그리고 프렌딕이 정글 속에서 우연히 짐승 같은 괴생명체들을 보게 되고 모로 박사의 조수들 중에서도 동물 같은 얼굴을 하고 있는 사람들을 목격하면서 선원들의 리더가 말한 생물학적 실험실이라는 것이 대체 무엇을 의미하는지가 서서히 드러난다.

나중에 알게 된 사실이지만, 모로 박사는 동물을 상대로 잔혹한 생체 실험을 한 사실 때문에 영국에서 추방당한 유명한 과학자였다. 그는 이 외딴 섬에 몰래 들어와 진통제나 마취제도 없이 끔찍한 수술과 이식을 통해 동물들을 두 발로 걷고 말도 할 수 있는 인간과 비슷한 생명체로 만들려 하고 있었던 것이다. 모로 박사는 자신이 만든 생명체들에게 낮은 형태의 문화와 문명화된 행동을 주입하려 애썼는데, 실험 중이던 '퓨마 인간'이 도망치면서 그를 죽이게 된다.

이후 섬은 온통 혼돈에 빠져들게 되며, 이들은 다시 동물의 야성을 되찾아가게 된다. 섬에서 유일하게 살아남은 인간인 프렌딕은 조난당한 선원들의 유해를 싣고 섬 기슭까지 떠내려온 작은 배를 타고 마침내 그 섬을 탈출한다. 그가 마지막으로 돌아본 섬에서는 늑대 인간과 섬뜩할 정도로 무표정한 곰과 황소 인간 무리가 썩어가는 인간들의 유해를 게걸스레 먹고 있었다. "역겨움에 이어 엄청난 공포가 밀려왔고…."

출간된 지 100년이 넘은 시점까지도 『모로 박사의 섬』에 대한 평가는 엇갈렸다.

▲ 찰스 다윈의 이미지.

▶ 갈라파고스 섬에 사는 새와 다양한 생물 이미지.

당시 런던의 『데일리 텔레그래프』 지는 '과학적 호기심의 병적인 일탈'이라며 이 책에 대해 혹평했지만, H. G. 웰스 자신은 후에 이 소설을 '젊은이 특유의 신성모독 연습'이라고 말했다. 이 소설은 마침 당시 영국 내에서 큰 분노를 자아내고 있던 잔혹한 동물 생체 실험에 대한 비판과 함께 생물학계의 지배적인 패러다임으로 자리 잡으면서 많은 공격을 받고 있던 다윈의 진화론에 대한 우려도 담고 있었다. 당시 다윈의 이론은 진화를 점차 발전되어가는 과정으로 보는 이론으로 널리 이해됐는데, 이는 바꿔 말해 진화 과정이 거꾸로 될 경우 퇴화에 이를 수도 있다는 얘기였다. 그리고 퇴보에 대한 불안감은 그럴싸한 인종주의와 유전에 대한 잘못된 이해로 이어졌다. 진화론에 대한 웰스의 신념은 이런 맥락에서 나왔다.

웰스는 과학 전문 저널리스트로 다윈의 이론에 대해 충분한 지식이 있어서 그걸 잘못 이해했을 리 없었다. 그는 또 다윈의 주장처럼 시간의 흐름에 따른 종의 가소성可塑性, 즉 변화하는 능력이 있다면 개별 생명체의 생물학적 특성에도 그와 비슷한 가소성이 있을 것이며, 그래서 과학이 어느 정도 발전되면 생명체는 폭넓게 개조될 수 있을지도 모른다고 믿었다. 거기서 한 걸음 더 나아가 그는 각 개별 생명체의 신체적인 특성에 변화가 생기면 인지능력과 행동에도 변화가 오게 되며, 따라서 예를 들어 어떤 동물에게 인간의 언어 기관을 이식할 경우 말을 할 수 있게 될지도 모른다고 믿었다. 이것이 소설 『모로 박사의 섬』에 나오는 모로 박사의 중심 사상이었다. 그래서 모로 박사는 끔찍한 실험을 통해 동물들을 반인반수 형태로 개조했고, 그에 따라 그 괴생명체들은 반인반수의 능력을 갖게 된다. 또한 웰스는 다윈이 갈라파고스 섬을 자신의 진화론 연구소처럼 활용한 데서 힌트를 얻어 태평양의 한 섬을 자신의 진화론을 실험할 장소로 삼았는지도 모른다.

키메라들

메리 셸리의 『프랑켄슈타인』과 마찬가지로 웰스의 『모로 박사의 섬』은 생물학과 의학이 놀라우리만큼 너무 빨리 발전하고 있다는 일반 대중의 불안감을 반영하고 있다. 예를 들어 『프랑켄슈타인』은 해부학적 절개 및 수혈의 발전, 소생 의학의 출현 그리고 생물학 분야에서 전자기학과 전기요법의 발전 등이 이뤄지고 있는 상황에서 쓰였다. 그리고 웰스의 소설은 다윈의 진화론과 생체 실험에 대한 논란 외에 세포설(세포를 생물학의 기본 단위로 보는 이론)과 세균설, 생화학의 급속한 발전, 세포 분열 및 증식 과정에 대한 이해가 나날이 발전하고 있는 과정에서 쓰였다.

그런 가운데 염색체가 분열 및 복제된다는 사실이 증명되었으며, 당시 뉴클레인

(핵단백질의 하나)이라고 불린 미지의 물질이 어쩌면 유전에 있어서 그 유전적 특성을 전달하는 매개체일지도 모른다는 사실이 밝혀졌다. 사실 우생학 이론(인간을 유전학적으로 개량시키고자 하는 학문)이 폭넓은 지지를 받고 있던 시절, 유전은 그 시대를 지배한 중요한 개념 중 하나였다.

그러나 『모로 박사의 섬』이 출간된 1896년만 해도 아직 많은 것들이 제대로 밝혀지지 않은 상태였다. DNA는 세포를 구성하는 미세한 생화학적 성분으로 여겨졌고, 그 유전 정보가 암호화되고 전달되는 정확한 메커니즘이 밝혀지기까지는 다시 57년을 더 기다려야 했다. 그렇기 때문에 웰스가 『모로 박사의 섬』에서 유전자 변형 '키메라chimera' 문제, 유전공학 문제 등 생물학 및 유전과 관련된 당대의 관심사들을 그렇게 정확하게 다루고 있는 것은 매우 놀라운 일이 아닐 수 없다.

'키메라'는 그리스 신화에 나오는 불을 뿜는 괴물로, 여러 동물의 잡종 또는 혼종이다. 대개 몸과 머리는 사자지만 등에 염소 머리가 나 있고 꼬리 부분은 뱀의 몸과 머리로 되어 있다. 웰스는 키메라라는 말을 직접 쓰지는 않았지만, 모로 박사의 생명체들이 인공적으로 만들어진 키메라들이라는 걸 분명히 했다. 다른 종들의 이질적인 신체 부위를 수술로 개조해 인간과 비슷한 새로운 생명체들을 만들어낸 것이다. 그런데 사실 키메라는 자연 상태에도 존재하며 놀랄 만큼 흔하다.

생물학계에서는 키메라를 유전적으로 한 개체 이상의 세포나 부위(혹은 유전자형)로 이루어진 생명체를 가리키는 말로 사용하고 있다. 키메라는 자연 상태에서도 나타나는데, 동물의 경우 주로 배아 결합의 결과로(배아들이 아직 아주 작은 세포 덩어리들에 불과한 초기 발전 단계에서, 예를 들어 쌍둥이 형태로) 나타난다. 그렇게 태어나는 동물들은 약간의 다른 유전자형을 지닌 세포들을 갖게 될 수도 있고 완전히 다른 조직 또는 기관을 갖게 될 수도 있다. 그 결과 혈액형이 두 가지이거나 피부 또는 털 색깔이 모자이크처럼 뒤섞인 개체가 되기도 하며, 애초의 두 배아가 성이 다를 경우 암수의 생식기를 모두 갖게 되기도 한다.

키메라 현상은 우리가 생각하는 것보다 훨씬 더 흔하다. 인간의 경우 주로 쌍둥

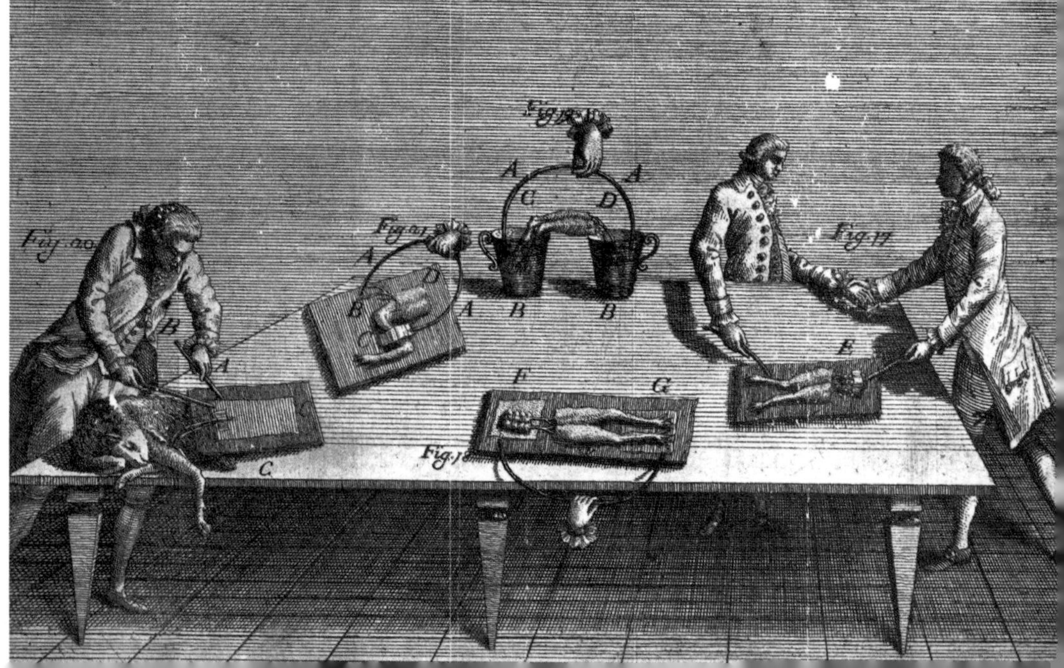

Fig. 20
Fig. 21
Fig. 17
A
B
C
D
E
F
G

◀ 신화에 나오는 키메라가 그려져 있는 기원전 4세기 고대 그리스의 접시.

이 배아를 수정했지만 접합자(초기 단계의 배아)가 합쳐져 한 아이만 태어날 때 생겨난다. 이스트캐롤라이나대학교 브로디 의과대학 발생생물학 교수로 키메라 현상 전문가이기도 한 찰스 보클라지Charles Boklage는 이런 말을 했다. "걸어 다니는 모든 사람 가운데 약 여덟 명 중 한 명은 혼자 태어난 쌍둥이다." 그러니까 어떤 계기로 인해 애초에 쌍둥이 세포였던 것들이 하나로 융합된다는 것이다. 보클라지는 자연 상태에서 생겨나는 인간 키메라들은 자아와 정체성의 본질과 관련해 흥미로우면서도 당혹스러운 여러 문제를 야기한다면서 이렇게 말했다. "우리 몸을 이루는 세포 중 상당 부분이 서로 다른 유전적 정보를 지닌 두 사람의 세포에서 온 것들로 되어 있을 수 있다는 것은 대부분의 사람들에게 정말 혐오스러운 요인일 것이다. … 이러한 사람들에게는 우리가 보지 못한 다른 점이 있을까?" 그러면서 보클라지는 이런 의문도 제기했다. "철학적 관점에서 볼 때 한 키메라 안에는 대체 몇 사람의 영혼이 깃들어 있는 것일까?"

그러나 키메라는 단순히 생물학적 호기심의 대상에 그치지 않는다. 키메라를 만들어내는 것은 장기 부족과 거부 반응 같은 장기 이식의 고질적인 문제들을 해결하기 위한 주요 연구 과제들 중 하나이기도 하다. 이런 것이 바로 유전자 이식용 동물, 그러니까 적어도 자신의 세포들 중 일부에 한 종 이상의 게놈genome(한 생물이 갖고 있는 모든 유전 정보)을 갖고 있는 동물을 만드는 프로젝트의 전제다. 이런 프로젝

◀ 개구리 등 여러 동물을 대상으로 한 전기 충격 실험 삽화.

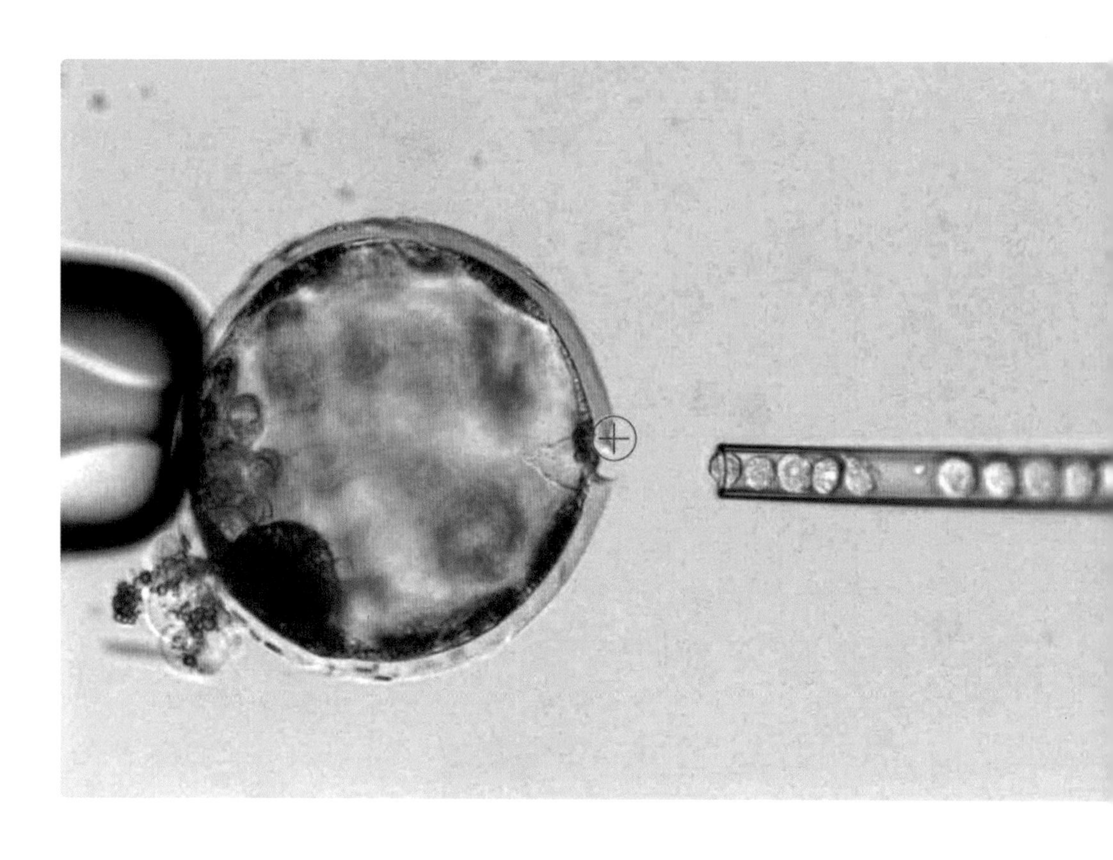

트의 목표는 동물 숙주 게놈에 면역 반응 유발 인자를 가진 인간의 유전자를 이식하는 것이다. 예를 들어 돼지의 신장 안에 있는 세포들이 인간의 유전자를 구현하는 특정 세포 표면 분자를 발현시킬 수 있다면, 그 신장은 인간 숙주의 면역 체계에 대해 거부반응을 억제시킬 수 있다. 그러면 바로 이 돼지가 유전자 변형 동물이 되는 것이다. 어쩌면 미래에는 특정 인간 숙주의 세포나 게놈을 그런 장기의 씨앗 혹은 청사진으로 이용할 수 있을 것이며, 그래서 키메라 동물 숙주 몸속에서 완벽히 대체 가능한 인간의 장기를 키울 수 있게 될지도 모른다.

이런 계획들은 늘 큰 논란을 낳고 있으며, 때로는 웰스의 소설 전반에서 본능적으로 느껴지는 역겨움과 같은 반응을 불러일으키기도 하고, 윤리적 문제뿐만 아니

◀ 형질 전환된 생명체를 만들기 위해 현미경을 이용해 배아에 세포들을 주입하고 있다.

라 특히 종교적인 관점에서 볼 때도 문제가 된다.

암울한 『멋진 신세계』

유전공학, 특히 생식 계열 유전자 변형과 관련된 분야에서도 역시 비슷한 논란이 일고 있다. 생식 계열 유전자 변형이란 생식세포를 통해 다음 세대에 유전될 수 있는 게놈을 인위적으로 변화시키는 것을 말한다. 이 분야는 연구의 잠재적 결과와 기술 남용 등의 심각한 윤리적 문제가 대두되면서 전 세계적으로 연구 중단 조치가 취해져왔다. 그러나 2018년, 중국의 한 과학자는 이식 전 상태에 있는 배아의 유전자를 조작했다고 발표해 엄청난 논란과 분노를 불러일으켰다. 그는 유전자 조작 결과 에이즈AIDS에 대한 면역력을 지닌 아이를 출산케 하는 데 성공했다고 주장하면서 국제적 규범을 어긴 데 대해 그럴싸한 이유를 댔지만, 여론은 그가 그밖의 다른 유전자 조작 실험도 하지 않았을까 하는 의심의 눈초리로 지켜보고 있으며, 정식으로 검증도 거치지 않은 상태라 그의 연구 결과에 의구심을 가지고 있다. 유전공학은 생체 내에서 행하기 어려운 것으로 알려져 있기 때문이다. 그럼에도 불구하고 이런 기술은 조만간 세상에 선을 보이게 될 것이 분명하며, 지난 40~50년간 SF 소설의 단골 메뉴 중 하나였던 유전공학은 아마 앞으로는 더 이상 SF 소설에만 머물지 않을 전망이다.

유전공학을 다룬 SF 소설은 워낙 많아서 여기서 일일이 다 열거하기 힘들 정도인데, 그 대표적인 예로는 『프랑켄슈타인』과 『모로 박사의 섬』 외에 1932년에 발표된 올더스 헉슬리의 소설 『멋진 신세계Brave new world』를 꼽을 수 있다. 헉슬리의 이 소설 제목은 셰익스피어의 희곡 『템페스트The tempest』의 한 구절에서 따왔는데,

흥미로운 사실은 『템페스트』는 웰스의 『모로 박사의 섬』에 많은 영감을 준 작품들 중 하나이기도 하다는 것이다. 『템페스트』에서는 난파당한 선원들이 어떤 섬에서 한 사람을 발견하는데, 그는 본국으로부터 추방당한 후 외딴 섬에서 연구를 하고 있는 지식인 변절자였다. 우리가 흔히 '본성이 중요한가, 양육이 중요한가' 하는 문제를 논할 때 쓰는 '본성 대 양육'이라는 말은 바로 『템페스트』에서 나온 말로, 여기에서 주인공 프로스페로는 자신의 짐승 같은 하인 캘리밴을 가리키며 이런 말을 한다. "악마. 타고난 악마. 본성부터가 악마. 양육을 해도 전혀 소용 없어."

헉슬리의 『멋진 신세계』에서 미래 사회는 모든 것이 생물학적인 특성들로만 결정되지 않는다. 그러니까 사회 · 경제적 지위는 전적으로 생물학적 특성들에 의해 결정되는데, 그 결정이 인위적으로 통제되는 것이다. 태아는 기계 안에서 자라며, 생화학적 처리를 통해 태어날 아기의 성격과 지적 능력을 결정한다. DNA의 비밀이 발견된 것은 1953년의 일로 헉슬리는 유전학 분야에 혁명이 일어나기 전에 이 소설을 썼고, 그래서 그에게는 유전공학에 대한 개념 자체가 없었다. 그 결과 그는 유전공학이라는 용어를 사용하지 않았다. 그러나 그가 다룬 주제들은 분명 현재의 상황에도 적용 가능하며, 그가 그린 디스토피아적인 미래 역시 폭넓게 인정받고 있다. 일단 생식세포 조작이 허용되면 인류 사회는 결국 파멸로 치닫게 될 것이기 때문이다.

H. G. 웰스의 『모로 박사의 섬』은 무차별적인 유전자 조작이 어떤 결과를 가져올지를 탐구한 소설로도 여겨지고 있다. 이식을 받은 사람들의 경험담에 따르자면 이 소설에서 인용되는 생물학은 설득력이 없는데, 생명체의 면역 체계 때문에 이질적인 조직이나 세포에 제대로 이식시킬 수 없기 때문이다(키메라들의 경우는 예외로 잘 이식되는데, 그것은 관련된 면역 인식 시스템들이 초기의 발전 단계에서 이질적인 세포들에 길들여지기 때문이다). 그러나 만일 이 모든 것이 지식이 발전함에 따라 새로운 기술로 대체된다면 모로 박사가 행한 끔찍한 실험들처럼 유전자 이식을 통한 이종교배도 가능하리라 볼 수 있을 것이다.

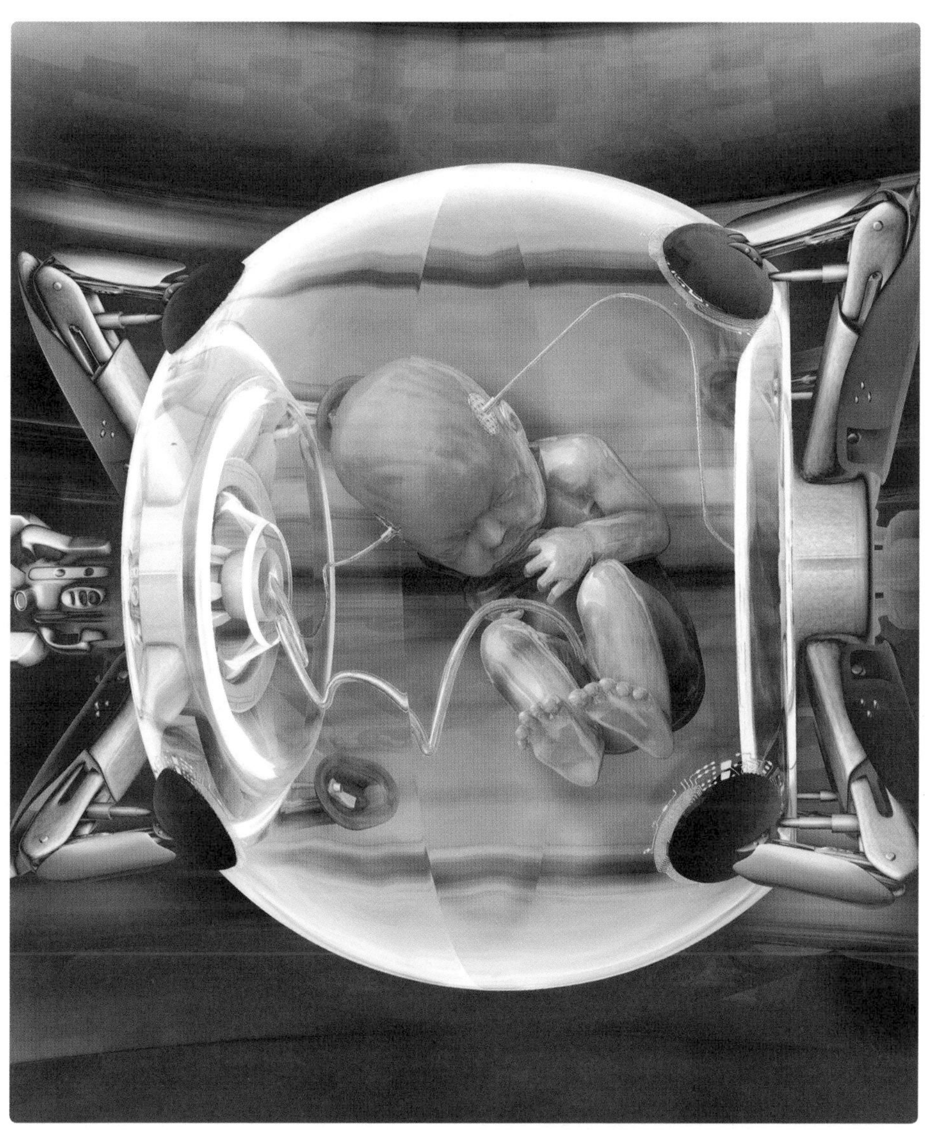

▲ 『멋진 신세계』에서 인간 복제가 성행하는 디스토피아 적인 미래의 이미지.

다른 생명체에서 가져온 유전자와 그 속성들을 접목시켜주는 유전공학은 우주 공간이나 심해 또는 기후 변화가 초래할 미래의 극한 환경을 극복할 기술로 흔히 추천되는 기술이다. 예를 들어 1988년에 발표된 로이스 맥마스터 부졸드Lois McMaster Bujold의 소설 『자유 낙하Falling free』는 '쿼디'에 대한 이야기를 담고 있다. 쿼디는 유전자 조작을 통해 두 다리가 있어야 할 자리에 두 손이 더 달린 인간들로, 자신들이 살고 있는 무중력 상태에 최적화되어 있다. 이 소설 속 공동체 문화에서

◀ 1971년 제작된 영화 〈모로 박사의 섬〉에 등장하는 짐승 인간들.

쿼디는 사람이 아니라 '준태아 실험 배양 조직'으로 여겨진다. 그러니까 쿼디의 창조자들은 이들에게 공동체를 위한 헌신을 최우선으로 강요한 것이다.

생체 해부에 대한 윤리적 논란

미래의 개인과 사회는 모로 박사 방식의 결과들을 얻기 위해 첨단 유전공학을 사용하게 될까? 지금도 강도 높은 성형수술과 신체 변형 수술을 통해 스스로를 동물처럼 보이게 바꾸는 사람들이 있다. 그러나 머지않은 미래에는 그보다 훨씬 더 충격적인, 그러니까 그야말로 키메라 같은 인간들을 만들어내는 H. G. 웰스식의 생물학이 등장하게 될 전망이다. 웰스가 『모로 박사의 섬』을 쓰게 된 동기 중에는 당시 동물을 산 채로 해부하는 데 대한 반감도 어느 정도 포함됐었다.

생체 해부에 대한 윤리적 논란은 1873년 그 주제에 관한 영국 최초의 저서인 『생리학 실험실 안내서Handbook for the physiological laboratory』가 발표되면서 촉발되었다. 생체 해부는 유럽 대륙에서 영국으로 넘어온 잔인한 관행이라고 맹비난을 받았는데, 당시 유럽 대륙에서는 실험 의학 분야에서 생체 해부가 빠른 속도로 발전하고 있었다. 어쩌면 웰스는 엠마뉴엘 클라인Emmanuel Klein의 주장에서 직접적인 영향을 받았는지도 모른다. 런던에서 일하던 오스트리아 출신의 생체 해부 전문가 엠마뉴엘 클라인은 1875년 왕립위원회에서의 증언을 통해 자신은 동물의 고통에는 전혀 관심이 없고 생체 해부 과정에서 마취제도 거의 쓰지 않는다고 주장했다. 『모로 박사의 섬』에서 모로 박사 역시 '고통의 집'이라 불리는 수술실에서 마취제 없이 생체 해부를 했다.

그러나 사실 생체 해부는 웰스가 그의 소설에서 상상한 기술과는 여러 면에서 다르다. 당시 의학자들은 살아 있는 생명체를 상대로 수술하는 일에 점점 더 능숙해져갔지만, 그들의 능력은 창조가 아닌 파괴에 국한되어 있었다. 인간 세포 조직 이식의 일종인 수혈의 경우는 19세기 초에 성공했지만, 인간 장기 이식의 경우는 1950년대까지도 성공하지 못했다. 그때까지 인간 장기 이식의 발전은 주로 『프랑켄슈타인』 같은 섬뜩한 SF 소설에서나 다루어졌다. 그래서였는지 1967년에 최초로 심장 이식을 받았던 사람은 자신을 프랑켄슈타인 박사가 만들어낸 괴물에 비유했다. 그러나 장기 이식 기술은 계속 발전해왔으며, 이제는 손이나 얼굴은 물론 거의 대부분의 주요 장기들도 이식이 가능하다. 특히 면역 억제제 치료 분야에서 많은 진전이 있었는데, 이제 이식된 장기에 대한 거부 반응을 일으키지 않도록 이식

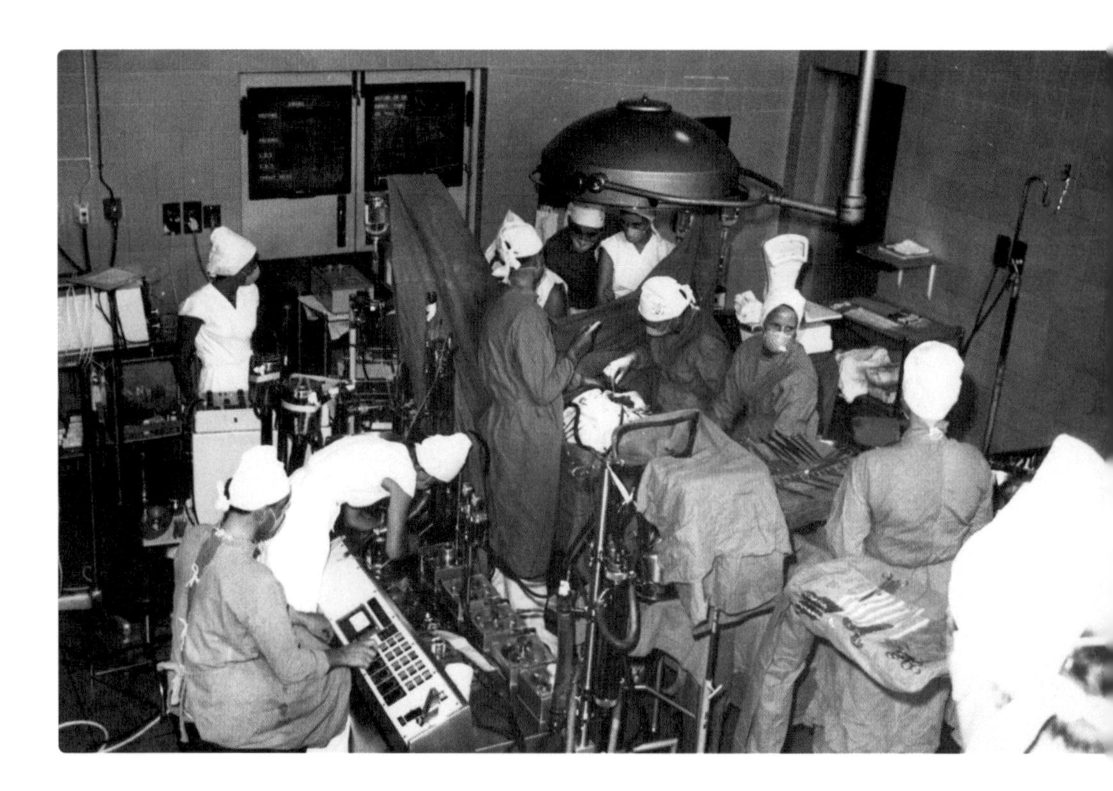

수혜자의 면역 반응을 억제할 수 있다.

이런 발전들에 힘입어 SF 소설에서나 상상할 수 있었던 시나리오, 특히 프랑켄슈타인 박사와 모로 박사를 연상케 하는 머리 이식도 이제 생각해볼 수 있게 되었다. 이식 분야의 선구자인 소련의 블라디미르 데미코프Vladimir Demikhov는 1950년대에 수술을 통해 개의 몸에서 머리와 앞다리를 절단해 다른 개의 몸에 접합하는 수술을 했으나 이 개는 며칠을 버티지 못하고 죽고 말았다. 이 연구의 영향을 받아 1970년에는 미국 신경외과 의사 로버트 화이트Robert White가 붉은털원숭이의 절단된 머리를 다른 붉은털원숭이의 몸에 갖다 붙였다. 그렇게 머리를 이식한 원숭이는 의식을 회복해 눈을 깜빡이고 주변을 둘러보았지만, 얼마 후 몸이 마비되었고 조직 거부 반응을 일으켜 8일 후 죽고 말았다.

소설 속 모로 박사도 겪었던 일이지만 이처럼 섬뜩한 실험들은 사회적 지탄을 받았다. 그럼에도 불구하고 이탈리아 신경외과 의사 세르지오 카나베로Sergio Canavero는 계속 그런 실험을 강행했고, 2016년에는 자신이 방금 최초의 인간 머리 이식 수술을 마쳤다고 발표하기도 했다. 그러면서 그는 프랑켄슈타인에게서 영감을 얻은 전기 자극법과 장기 접착제를 이용해 그때까지 불가능한 일로 여겨졌던 절단된 척추를 재연결하는 방법을 찾아냈다고 주장했다. 그는 또 자신과 자신의 중국인 조력자가 그 기법을 쥐와 원숭이 그리고 인간의 시신에 적용해 성공했다고 했다. 그는 또 한 중증 장애인 남성이 자진해서 뇌사 상태에 있는 신체 기증자의 몸에 자기 머리를 이식하는 걸 허락했다고 주장했다. 그 수술은 성공할 가능성이 전혀 없다는 회의론과 함께 모든 것이 관심을 끌기 위한 쇼일 뿐이라는 비난이 일었고, 결국 그 일은 흐지부지되었다.

◀ 최초의 심장 이식 수술 장면.

그럼에도 불구하고 그런 수술에 대한 전망을 둘러싸고 모로 박사의 괴물들을 상대로 그랬던 것처럼 흥미로운 철학적 · 심리학적 의문들이 제기되었다. '인간의 몸이 인식과 의식에 결정적인 역할을 한다는 것을 감안할 때 이런 종류의 극단적인 인체 결합으로 인해 대체 어떤 종류의 의식이 생겨날까?', '형이상학적인 관점에서 볼 때 합성된 생명체는 영혼이 여럿 있을까, 아니면 단 하나만 있을까?', '만일 영혼이 단 하나뿐이라면, 그 영혼은 또 대체 어떤 부위를 기증한 사람의 영혼인 걸까?' 하는 문제들 말이다.

◀ 영화 〈프랑켄슈타인〉에 등장한 괴물.

14

신경정신약물

도덕성을
병에 담아 다니는 시대

대규모의 향정신성 약 복용, 제약회사들에 의해 좌지우지되는 국민의 기분과 행동, 국가에서 눈감아주는 약물 남용 현상에 로봇처럼 순응하는 국민들… 이는 영국 작가 올더스 헉슬리의 소설 『멋진 신세계』에서 예견한 으스스한 디스토피아의 모습으로, 많은 관련자들에 따르자면 새로운 항우울제 프로작이 시판되어 엄청난 성공을 거둔 뒤에 맞이한 20세기 말 미국의 현실과 별로 다르지 않다. 헉슬리는 어떻게 약을 통해 수많은 사람들의 기분이 조절되는 미래를 정확하게 예견했을까?

약물을 이용한 전체주의

『멋진 신세계』에 나오는 미래 사회에서 노동자 계급은 '소마soma'라고 하는 약을 마음껏 복용함으로써 심리적 만족감을 유지하게 된다. 소마는 일종의 만능 약으로, SF 작가이자 역사가인 로버트 실버버그Robert Silverberg는 이 약을 '경멸할 만한 진통제'라고 표현했다. 『멋진 신세계』에서 헉슬리는 이렇게 말한다. "만일 무언가 마음 심란한 순간이 있다면, 늘 소마가 있다. 아주 기분 좋은 소마. 반나절의 휴가라면 0.5그램, 주말에는 1그램, 멋진 동양으로 여행을 간다면 2그램, 달처럼 영원히 어두울 것 같은 기분이라면 3그램을 복용한다. 그러면 다시 기분이 좋아져 평소 하던 일에 전념하게 된다."

소마는 '몸'을 뜻하는 라틴어지만, 고대 인도의 경전 『베다』에 언급된 신비로운 약물 또는 약의 이름이기도 하다. 고대, 아니 어쩌면 선사시대 때부터 존재했을 것으로 믿어지는 이 약물의 정체에 대한 글은 정말 많지만, 대개는 일종의 환각 작용이 있는 버섯 또는 약초(실로시빈, 대마초, 아편 또는 그 혼합물) 정도로 알려져 있다.

헉슬리는 환각제 분야의 선구자로, 『멋진 신세계』에 소마가 등장하게 된 배경에는 어둡고 은밀한 동기가 있었다. 그는 1962년 캘리포니아대학교 버클리 캠퍼스에서 청중들에게 자신이 만들어낸 약은 흥분제인 동시에 마약이고 환각제로, 전체주의적 통제를 가능하게 해주는 약이라면서 이렇게 말했다.

◀ 영국 소설가이자 수필가인 올더스 헉슬리.

> 이 약은 그들이 원하는 궁극적인 변화를 가능하게 해준다. 완벽한 통제는 공포를 통해서가 아니라 삶이 실제보다 훨씬 더 즐거운 것처럼 보이게 만듦으로써 이루어지는 것이다. 그러니까 사람들이 합리적인 기준에서 보면 도저히 좋아할 수 없는 일들까지 좋아하게 될 만큼 … 삶이 즐거워 보이게 만드는 것이다. 그리고 내 생각에 이런 일은 분명 가능하다.

미국 약물남용연구소에 제출하기 위해 실시한 'SF 소설 속 약물과 관련된 조사'에서 로버트 실버버그는 헉슬리의 소설처럼 약물을 다룬 SF 소설의 사례들을 적었다. 5년 전에 탈고됐지만 1961년에 출간된 제임스 E. 건James E. Gunn의 소설 『조이 메이커즈The joy makers』에서는 억압적인 정부를 유지하기 위해 사람들을 강제로 행복하게 만든다. 이는 1960년에 발간된 L. P. 하틀리L. P. Hartley의 디스토피아적 소설 『페이셜 저스티스Facial justice』에서도 마찬가지다. 조지 루카스George Lucas 감독의 1971년 영화 〈THX 1138〉에도 비슷한 내용이 나온다. 정부가 정신을 통제하는 약을 이용해 국민들을 억누르고 자신들의 명령에 따르고, 위험하고 힘든 일을 계속 하게 만드는 것이다. 사실 루카스 감독의 영화 〈THX 1138〉은 『멋진 신세계』의 영향을 많이 받았다. 헉슬리의 소설에서 정부는 만족감을 주는 소마 외에도 성적 욕구를 채워주는 가상현실 방송을 제공해 사람들의 이성과 감각을 마비시키는데, 〈THX 1138〉에서는 노동자들이 약물을 복용하고 도구를 사용해 스스로 성적 욕구를 해결한다.

탱크 초콜릿부터 프로작까지

헉슬리의 『멋진 신세계』가 출간된 지 10년 만에 향정신성 약과 정신치료 약에 대한 연구가 급진전되었고, 그 바람에 헉슬리가 예견한 미래에 대한 관심 또한 훨씬 더 커졌다. 그리고 화학작용을 통한 대규모 정신 개조는 전쟁이라는 긴박한 상황에서 더 관심이 커져 제2차 세계대전 중에 양 진영은 군인들을 각성시키고 인내

▲ 조지 루카스 감독의 영화 〈THX 1138〉에서는 억압적인 정부가 약물을 사용해 국민들을 통제하고 노예화시킨다.

력을 높일 방법을 찾는 데 열을 올렸다. 특히 많이 사용된 약은 암페타민이다. 이 약은 별명도 많은데, 그중 하나는 '탱크 초콜릿'으로 탱크병들이 초콜릿 먹듯 즐겨 먹었다고 해서 붙여진 말이다.

약 남용을 부추긴 대표적인 인물은 영국의 버나드 몽고메리Bernard Montgomery 장군으로, 그는 약을 복용한 한 보병 부대가 다른 부대에 비해 뛰어난 전투력을 보인 시험 결과를 본 뒤 군인들의 약 복용을 적극 지지하게 되었다. 그래서 1942년 영국군은 엘 알라메인 전투에 투입된 영국 군인들에게 줄 암페타민을 대량 구입했다. 그 다음 해에는 미국이 암페타민의 활용 가능성에 관심을 가졌고, 벤제드린 황산염 정제의 대량 생산에 들어갔다. 그리고 미국의 드와이트 아이젠하워Dwight Eisenhower 장군은 미군을 위해 벤제드린 황산염 정제를 약 50만 팩 주문했는데, 태평양 일대에서의 전투가 잔혹성을 띠게 된 데는 이 같은 약 남용도 한몫했던 것으로 보인다.

제2차 세계대전이 끝나자 이런 약들은 정신의학 분야에 엄청난 영향을 주었고, 소라진 같은 약은 종종 환자들을 '좀비화'시킨다는 오명을 쓰기도 했지만, 이런 약들은 이전에는 다루기 힘들었던 조현병 치료에 놀라울 정도로 효과가 있었다. 제약회사들은 새로운 시장을 개척하기 위해 기분과 행동을 바꿔주는 약 개발에 열을 올렸고, 그로 인해 행동과 인식이 정상 범위에 있는 것으로 보이는 사람들까지 환자 취급하려 한다는 비난이 쏟아졌다. 예를 들어 비만한 아이들에게는 체중 감량약이라며 오베트롤이라는 이름의 암페타민을 주었고, 가정주부들을 위한 피로 회복제라는 명목으로 신경안정제가 제공되었으며, 그밖에도 암페타민과 비슷한 약들이 무분별하게 처방되었다.

1962년 캘리포니아대학교 버클리 캠퍼스에서 연설을 하면서 헉슬리는 『멋진 신세계』에 나오는 약 소마는 자신이 소설을 쓸 당시만 해도 실제로 출현할 가능성이 없어 보였다면서 이렇게 말했다. "여러분이 만일 여러 가지 다른 약들을 복용한다면, 아마 지금도 그런 결과들을 모두 경험할 수 있을 것입니다."

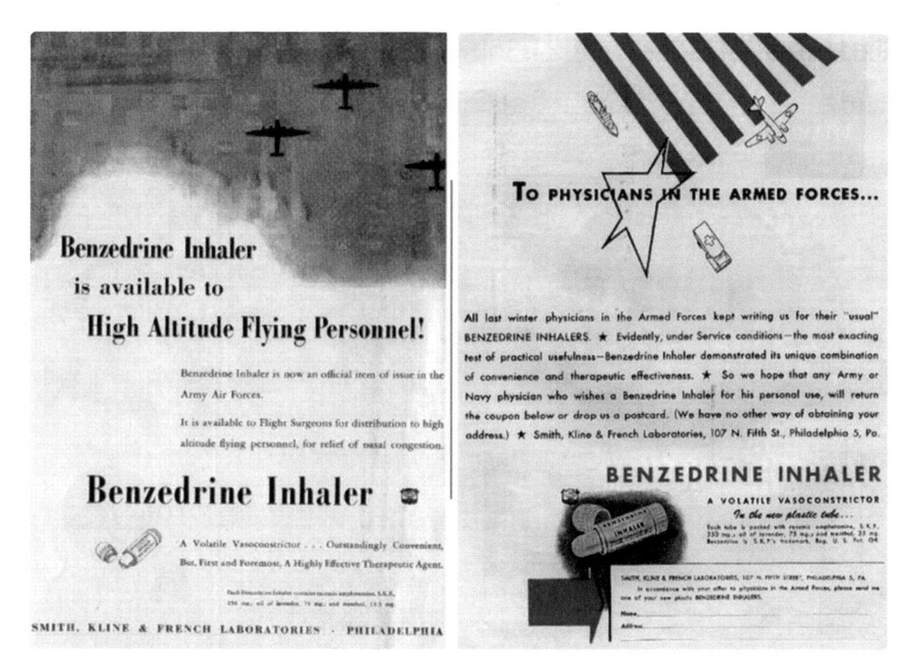

▲ 전시 상황에서의 암페타민 광고.

그의 말이 완전히 맞는 말은 아니었을지 모른다. 그런데 그 무렵 전혀 새로운 종류의 약인 항우울제가 임상 실험 중에 있었다. 초창기에 나온 항우울제들은 부작용이 심했으나 효과는 아주 좋아서 많은 생명을 구했고 우울증이 심한 사람들에게 희망을 안겨 주었다. 그리고 이 약들에 이어 헉슬리의 소설 속 소마와 비슷한 약이 출시되었다. 1987년 플루옥세틴이라 불리는 새로운 항우울제가 프로작이라는 이름으로 시판되었다. 프로작은 약효가 아주 뛰어났고 이전의 항우울제들에 비해 부작용도 눈에 띄게 적었다. 그리고 약효에 대한 입소문, 아주 긍정적인 임상 실험 결과, 제조업체의 대대적인 홍보 등에 힘입어 이 약은 곧 가장 잘 팔리는 항우울제가 되었다.

그 후 프로작과 관련된 선택적 세로토닌 재흡수 억제제들은 점점 더 다양한 사용자들을 고객으로 끌어들였는데, 아주 가벼운 우울증, 식욕 이상 항진증, 불안 장애 증상 등에는 물론이고 행동 장애 아이들에게도 가장 흔하게 처방되는 약으로 자리를 굳혀가고 있다. 심지어 이 약은 미국에서 심한 월경전 증후군의 치료제로도 판매 허가를 받은 상태이다.

미국질병통제예방센터 내 전국 건강통계센터에 따르면, 1990년부터 2011년까지 미국인들의 항우울제 사용은 거의 400퍼센트 증가했다. 또한 미국에서는 현재 12세 이상 국민의 10퍼센트 이상이 항우울제를 복용 중이며, 항우울제는 의학계에서 두 번째로 많이 처방되는 약이기도 하다.

부작용들

프로작은 날개 돋친 듯 팔려 나갔지만 그 부작용도 컸다. 그런 가운데 프로작은 기분의 기복을 없애는 역할을 해 복용자를 무덤덤하게 만들고 창의성을 억눌렀으며 멍한 상태로 몰아넣었다. 그 결과 순종적인 태도와 평범함을 강요하는 수단으로 사용되기도 했는데, 국가가 과도한 처방을 통해 사람들의 사고를 통제하는 것을 용인하는 꼴이라는 주장도 제기되었다. 물론 이런 주장 중 상당수는 근거가 희박할 수 있지만, 선택적 세로토닌 재흡수 억제제를 복용한 사람 중 20퍼센트 이상에게서 일종의 감정적 마비나 멍한 상태 등의 부작용이 나타나고 있다.

프로작이 시판되기 이전에도 정신의학계에서는 이미 약이 과도하게 처방되고 있으며, 고질적인 인지 및 감정 문제에 약을 쓰는 것은 득보다 실이 많다는 주장들이 제기되었다. 그런데 헉슬리는 『멋진 신세계』에서 이런 관점에 대해서도 이미 정확하게 예견했다.

> 언제든 당신의 분노를 진정시켜주고 적을 용서하게 해주며 오래 참고 견딜 수 있게 해줄 소마가 있다. 과거에는 이런 일들을 해내려면 엄청난 노력을 해야 했고 1년 정도 죽어라 정신 수양을 해야 했다. 그러나 이제는 0.5그램짜리 알약을 두세 알 삼키면 끝이다. 이제는 그 누구든 고결한 사람이 될 수 있다. 적어도 당신의 도덕성 절반

은 병에 담아 다닐 수 있는 것이다.

경험 기계

헉슬리의 약 소마가 나오자 약학계는 미국 철학자 로버트 노직Robert Nozick의 연구와 그의 '경험 기계Experience Machine' 사고 실험 덕에 잘 알려져 있던 철학적 난제에 많은 관심을 갖게 된다. 노직은 '행복 또는 만족감은 어떻게 규정되고 측정되는가'에 대한 몇몇 가정들을 파고들고 싶어 했다. 이 방면의 주요 접근 방식은 공리주의로 알려진 철학적 접근 방식인데, 공리주의에서는 '즐거움, 즐거움만이 좋은 것이다'라는 말을 신조로 삼고 있다. 이는 철학의 한 분파인 쾌락주의의 입장이기도 하다. 공리주의자들의 철학적 쾌락주의 측면에서 어떤 경험이 행복에 이바지하느냐 아니냐를 결정짓는 것은 그 경험이 즐거운가 하는 것이다. 행복이라는 감정은 즐거움이 극대화되고 고통이 최소화될 때 커진다는 것이다.

노직은 가상현실 같은 환상에 지나지 않지만 어쨌든 즐거움이 극대화되고 고통은 최소화되는 경험을 안겨주는 '경험 기계'라는 것을 상상해냈다. 즐거움을 극대화시켜준다는 측면에서 경험 기계는 헉슬리의 소마와 비슷한 기능을 한다고 할 수도 있다. 노직은 '사람들은 아마 경험 기계를 이용할 기회를 준다 해도 거절할 것이라면서, 그건 사람들이 진짜 경험과 현실에서의 정체성을 더 중요시하기 때문이기도 하고, 보다 근본적으로는 쾌락주의가 행복에 이르는 진정한 길이 아니라고 믿기 때문이라고 말했다. 그러나 헉슬리가 상상한 암울한 미래 세상 같은 데서 사람들은 노직이 만들어낸 경험 기계 같은 것을 기꺼이 이용할지도 모른다. 향정신성 약들에 대한 처방이 계속 늘어가고, 보다 약효가 뛰어난 새로운 약들이 시판되면서 헉슬리의 소마로 인해 제기된 의문들은 점점 더 시급히 해결해야 할 문제들이 돼가고 있다. 우리 인류는 과연 만병통치약의 유혹을 뿌리칠 수 있을까? 아니면 그런 약을 이용하면서 현실을 점점 회피하게 될까?

15

인조인간

〈6백만 달러의 사나이〉에서
생각대로 움직이는 인공 팔다리까지

통제할 수 없는 실험용 비행기, 끔찍한 추락 장면에 이어 화면에는 보이지 않는 근엄한 목소리가 말한다. "여러분, 우리는 그를 재건할 수 있습니다. 우리에겐 그럴 만한 기술이 있습니다."

1970년대에 텔레비전을 시청했던 세대라면 미국 드라마 〈6백만 달러의 사나이〉의 시작 장면에 익숙할 것이다. 이 드라마에서 우주비행사이자 시험비행조종사 스티브 오스틴은 불행하게도 비행기 추락 사고를 겪는데, 위의 내레이션에서처럼 '기술'을 이용해 되살아난다. 그를 '재건'한 기술은 바로 생체공학 기술이다. 오스틴은 아주 값비싼 사이보그, 즉 인조인간으로 개조되며 인공적으로 만들어 끼운 인체 부위들(두 다리와 한쪽 팔, 한쪽 눈 등) 덕에 '모든 면에서 더 낫고 더 강하고 더 빨라져' 그야말로 초능력을 가진 사나이가 된다. 이 〈6백만 달러의 사나이〉 시리즈는 비행기 조종사, 항공우주 전문가이자 작가인 마틴 카이든Martin Caidin의 1972년 소설 『사이보그Cyborg』를 토대로 만들어졌는데, 생체공학 인간의 조상은 무엇이었으며 이 시리즈의 엄청난 성공은 현실 세계의 인체공학에 어떤 영향을 주었을까?

사이버버그들

'생체공학bionic'과 '사이보그'라는 말은 인공두뇌학을 뜻하는 '사이버네틱스cybernetics'라는 말에서 온 것이다. 또한 생체공학을 뜻하는 영어 'bionic'은 'biological electronics(생물학적 전자공학)'의 줄임말이며, 'cyborg'는 'cybernetic organism(사이버네틱 생명체)'의 줄임말이다.

사이버네틱스의 창시자인 미국 수학자 노버트 위너Norbert Wiener는 1948년 사이버네틱스를 '동물 및 기계의 통제와 커뮤니케이션을 다루는 학문 분야'라고 정의했다. 사이버네틱스에서는 시스템들이 주변 환경으로부터 얻은 피드백을 이용해 어떻게 통제되느냐 하는 것을 연구한다. '동물의 팔다리 움직임이 환경과 상호작용 속에서 어떻게 수행되고 제약되고 통제되는가(예를 들면 '다리가 엉덩이를 축으로 삼아 땅바닥을 어떻게 누르는가' 등)', 또 '동물의 움직임을 흉내 내어 어떻게 간단한 전자기계 시스템을 만들 것인가' 하는 것들을 연구하는 것이다.

예를 들어 위너는 '팔로밀라'라는 사이버 버그bug(곤충) 내지 사이버 나방을 만들었다. 그 사이버버그는 한 쌍의 간단한 빛 수용체가 연결된 모터와 조향장치가 장착된 바퀴 세 개짜리 카트로, 전기 연결 상태를 변화시키면 빛의 자극에 반응하는 성질을 가진 나방이나 곤충처럼 빛이 나는 쪽으로 가기도 하고 빛에서 멀어지기도 했다. 또 전기회로 내의 신호를 증폭하면 파르르 떠는 반응을 보이기도 했다.

사이버네틱스는 전기회로와 신경계가 움직임을 어떻게 만들어내고 통제하는지를 연구함으로써 로봇공학과 보철 기술 같은 분야에서도 응용되었다. 그리고 이 두 분야의 교차 지점에 SF 소설의 비옥한 토양 같은 생체공학과 사이보그의 세계가 있다.

"우리는 그를 재건할 수 있다"

그런데 생체공학과 사이보그는 사실 노버트 위너의 사이버네틱스보다 앞서 나왔다. 인체의 일부를 교체하는 아이디어는 적어도 기록된 역사만큼이나 오래되었다. 보철 기술은 고대 이집트 시대까지 거슬러 올라가는데, 이집트에서 발견된 미라 중에는 몸에 커다란 인공 발가락이 붙어 있는 미라도 있었다. 또한 기원전 3세기경의 로마 장군 마르쿠스 세르기우스Marcus Sergius는 쇠로 된 의수를 하고 있었던 것으로 보이는데, 그 의수가 워낙 쓸 만해 여러 해 동안 장군직을 수행하는 데 별 문제가 없었다고 한다. 그리스 신화에 나오는 청동 거인 탈로스는 몸 전체를 보철 혹은 인공 신체로 교체해 만들었다고 한다.

이런 종류의 기술을 선보인 대표적인 초기 SF 소설은 1818년에 출간된 메리 셸리의 소설 『프랑켄슈타인』이다. 〈6백만 달러의 사나이〉의 스티브 오스틴은 전기기계 부품들로 '재건'되었지만, 『프랑켄슈타인』의 주인공 프랑켄슈타인 박사는 실제 생체 부위를 이용한다. '바이오닉 맨' 즉 인조인간의 창조주들과 마찬가지로 그는 그렇게 복잡한 시스템을 만들어낼 정도로 뛰어난 사이버네틱스 기술을 갖고 있었음이 분명하다.

프랑켄슈타인 박사가 만들어낸 괴물의 직접적인 조상 중 하나는 히브리 신화에 나오는 오토마톤 '골렘'이다. 흙으로 빚은 후 생명을 불어넣은 이 괴물은 자신을 만든 이들의 통제에서 벗어나 제멋대로 미쳐 날뛴다. 흥미로운 사실은 사이버네틱스의 창시자 노버트 위너가 무차별적인 사이버네틱스 발전이 불러올 잠재적 위험을 경고하면서 이 골렘을 언급했다는 것이다. 그러니까 그는 일단 인간의 통제권을 벗어나면 제어할 방법이 없는 정교한 자율형 기계들의 위험성을 경고하면서 골렘을 예로 들었던 것이다.

스티브 오스틴의 직접적인 조상을 찾으려면 19세기로 거슬러 올라가야 한다. 1839년 발표된 에드거 앨런 포의 풍자 소설 「소모된 남자The man that was used up」에서는 한 잘생긴 병사의 몸이 거의 다 보철들로 대체된다. 포의 「소모된 남자」는 〈스타워즈〉에 나오는 다스 베이더 같은 사이보그의 초창기 모델이라고 볼 수도 있다. 이들은 인간적인 면을 버리고 생체공학적으로 몸 전체를 교체한 사이보그들이다.

1917년 펄리 푸어 시한Perley Poore Sheehan과 로버트 H. 데이비스Robert H. Davis가 발표해 훗날 연극으로도 제작된 소설「피와 철: 황제의 운명Blood and iron: The fate of the kaiser」에서는 독일 황제가 불구가 된 한 병사를 기계 부품들로 대체해 사이보그를 만들어내는데, 이 병사 역시 골렘이나 프랑켄슈타인의 괴물과 마찬가지로 황제의 통제에서 벗어나 제멋대로 날뛰다 끝내 자신을 만든 황제를 살해한다.

인조인간의 직접적인 조상을 꼽으라면 아마도 레이먼드 Z. 갤런이 1935년에 내놓은 소설「물질보다는 정신Mind over matter」의 주인공을 꼽아야 할 것이다. 이 이야기에서는 비행기 추락 사고로 다 죽어가던 한 시험비행조종사에게서 뇌만 빼내 인

▼ 자신이 만든 사이버네틱스와 함께 포즈를 취하고 있는 노버트 위너.

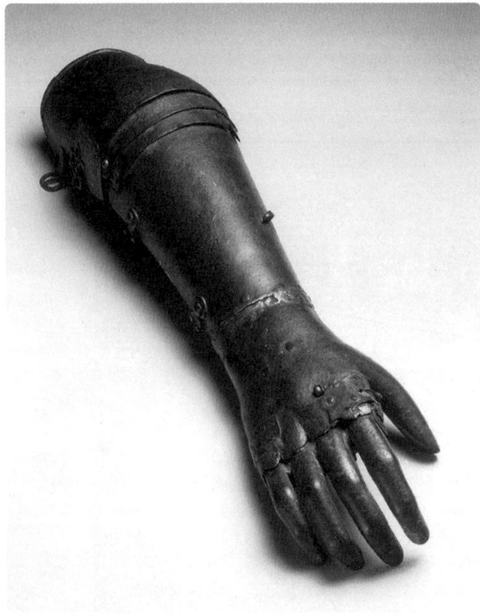

▲ 1915년 개봉한 영화 〈골렘〉에 등장하는 랍비와 프라하의 골렘.

◀ 독일의 한 기사가 착용한 것으로 보이는 16세기의 쇠로 된 의수.

간의 모습을 하고 있는 로봇, 안드로이드android의 몸에 집어넣는다.

스카이워커의 손을 찾아서

〈6백만 달러의 사나이〉에 나오는 스티브 오스틴의 경우 어쩌면 레이먼드 Z. 갤런의 소설 속 주인공처럼 아예 몸 전체를 전부 교체하는 게 더 나았을지도 모른다. 〈6백만 달러의 사나이〉에서는 단 한 번도 이 문제를 다룬 적이 없지만, 스티브 오스틴이 자신의 몸에 장착된 인조 신체 부위를 사용하는 순간 기존의 신체 부위들이 그것을 감당하지 못했을 것이기 때문이다. 이 TV 시리즈에서 스티브 오스틴은 인조 팔로 무거운 것들을 들어 올리고 인조 다리로 아주 높은 곳까지 뛰어올라 안전하게 착지한다. 그러나 현실적으로는 아무리 그의 인조 팔다리가 첨단 기계공학 및 재료과학 덕에 초인적인 힘을 발휘하고 엄청난 압력을 견딘다 해도 나머지 신체 부위들, 특히 인조 팔다리가 연결된 뼈대는 순식간에 뚜두둑 꺾이거나 산산조각 나버렸을 것이다. 그런데 이 TV 시리즈를 제작한 사람들이 이런 문제를 다루지 않은 것은 아마도 그들이 과학적 실현 가능성이나 생물역학적 사실성보다는 엔터테인먼트 그 자체에 관심이 더 많았기 때문일 것이다. 그러나 인조 팔다리 등을 만드는 과정에서 그런 현실적인 문제들을 깊이 생각해보는 것도 의미 있는 일일 것이다.

〈6백만 달러의 사나이〉 시리즈는 생체공학에 대한 일반 대중의 인식을 터무니없이 높이는 역할을 했다. 이 시리즈는 스티브 오스틴의 인조 팔다리가 몸의 나머지 부분과 다르다는 것을 보여주려는 노력은 거의 하지 않았다. 그러니까 그의 인조 팔다리는 놀라운 힘을 갖고 있으면서 실제의 팔다리와 전혀 다르지 않았다.

SF물에 등장한 인조 팔다리 가운데 가장 큰 영향력을 미친 것은 아마 1980년 말에 개봉된 영화 〈스타워즈 에피소드 5: 제국의 역습〉에 나온 루크 스카이워커의 인조 손일 것이다. 루크 스카이워커의 인조 피부로 덮인 보철 팔뚝 내부는 전자 기계장치로 돼 있다. 또 그의 인조 손은 로봇 의사가 찌르자 실제 손과 똑같은 촉각 및 반사 반응을 보이며 전자 기계장치들과 루크 스카이워커 자신의 육체에 자연스럽게 접합된 상태를 보여준다.

현실 세계에서 기술적으로 이 정도로 정교하려면 소형화, 전력 공급, 신경근육과의 연결, 신체의 나머지 부분과 접합하기 등 해결해야 할 난제들이 많다. 현재 그 난제들 중 일부는 대체로 해결되었다. 극도로 작은 전기 모터, 팔다리의 움직임을 제어할 수 있는 연산 능력 등이 확보되어 이제 기계화된 인조 팔다리 제조는 어느 정도 실현 가능해졌다. 그보다는 아직 해결하기 힘든 두 가지 문제가 앞을 가로막고 있는데, 우선 인조 팔다리를 신체에 연결하는 일은 여전히 난제로 남아 있다. 잠시만 부착해도 몸에 무리가 가기 때문에 인조 팔다리를 사용자와 연결하는 데 한계가 있으며, 그 결과 또 다른 중요한 문제, 즉 커뮤니케이션 문제에 부딪히게 된다. 사용자가 어떻게 각종 메시지를 인조 팔다리까지 보내 그 움직임을 제어할 것인가? 또 어떻게 인조 팔다리에서 전달된 감각을 자신의 중추신경계가 인식하여 반응을 이끌어낼 것인가?

이런 난제들을 해결하기 위해 현재 가장 널리 쓰이고 있는 것은 '근전기' 센서로 제어하는 탈부착형 인조 팔다리이다. 근전기란 근육이 만들어내는 전기로, 사용자 팔다리의 근육이 만들어내는 미세한 전기 신호는 사라진 팔다리를 움직이려 할 때에도 여전히 반응을 한다. 따라서 이 부분에 부착한 센서가 이 전기 신호를 포착해 인조 팔다리로 전송하면, 그 전기 신호가 전기 모터를 제어하는 것이다. 그러나 이 기술은 아직까지 사용자에게서 정보가 인조 팔다리로 일방적으로 보내지기만 할 뿐 인조 팔다리에서는 그 어떤 정보도 오지 않는다고 한다.

플러그인 방식의 의수·의족

CBAS 사가 개발 중인 좀 더 야심찬 장치의 경우 절단된 팔다리 끝 부분에 신경계와 연결된 '포트'를 삽입한다. 그리고 그 포트에 첨단 의수나 의족을 꽂아 사용한다. CBAS 사의 공동 설립자인 올리버 아미티지Oliver Armitage는 이 장치를 '몸에

▲ 현실 속 인조인간인 제시 설리반과 클라우디아 미첼이 신경근육 입력으로 제어되는 인조 팔로 하이파이브를 하고 있다.

▲ 조니 매티니가 생각대로 움직이는 자신의 의수를 실연해 보이고 있다. 팔 윗부분에 부착한 근전기 센서와 제어기를 주목하라.

꽂는 USB 포트'라고 말한다. 가장 까다로운 부분은, 이 포트는 수술을 통해 뼈에 고정시키는 방식으로 남아 있는 팔다리 부분에 부착되어야 한다는 것이다. 이처럼 견고하게 부착시키면 고유 수용성 감각 반응이 높아지는데, 이 경우 의수나 의족이 기존 뼈의 일부가 되기 때문이다. 그러나 이 경우 피부에서 인공 이식물이 바로 튀어나오는 형태가 되어 감염의 위험이 매우 높고, 이식 수술에 위험이 따르기도 한다. 그래서 생체에 연결하기에 적합한 새로운 소재와 기술을 이용해 사용자의 피부가 포트 밑부분까지 자연스럽게 자라도록 해야 하며, 또 의수나 의족의 인공 센서가 사용자의 감각 신경과 잘 연결되어 어느 정도 감각에 대해 반응할 수 있도록 해야 한다. 실제로 이런 기술은 인공와우나 인공망막 이식 수술에 이미 사용 중이다.

현재 테스트 중인 최첨단 장치를 꼽으라면 아마 이 두 가지 접근 방식을 적절히 섞은 장치를 들 수 있을 것이다. 미국 존스홉킨스대학교 응용물리학 연구소에서는 지금 의수, 의족 개발 프로그램을 통해 근전기 자극과 직접 뇌 자극 방식으로 제어되는 정교한 의수를 개발 중이다. 사용자의 몸에는 근육과 말초신경계, 뇌의 운동 및 감각 피질에서 전달되는 신경 신호를 포착하는 장치가 이식되어 있다. 실제로 2017년 12월, 암으로 한쪽 팔을 잃은 미국인 조니 매티니가 시범적으로 이 의수를 착용했는데, 당시 언론에서는 〈6백만 달러의 사나이〉, 〈스타워즈〉를 대대적으로 언급했다.

PART 5

커뮤니케이션

16

화상통화

텔레비전, 비디오폰부터 스카이프, 페이스타임까지

랠프라는 과학자가 동료와 이야기를 하고 싶어 한다. "한쪽 벽의 텔레포트 쪽으로 걸어가 여러 버튼을 누른다. 몇 분 후 텔레포트 화면이 환해지면서 말끔하게 면도를 한 30대의 한 남자가 나타난다. 유쾌하면서도 진지한 얼굴이다. 그는 자신의 텔레포트에서 랠프의 얼굴을 알아보고 미소를 지으며 말한다. '안녕하세요, 랠프.'" 여기서 '텔레포트'를 '스카이프Skype' 또는 '페이스타임Face Time' 또는 '왓츠앱WhatsApp' 등 다른 많은 영상 통화 앱 중 하나로 바꿔보라. 그러면 위에서 말한 일이 우리의 일상과 다르지 않다는 것을 알 수 있다. 그런데 누구나 쉽게 이용할 수 있는 영상 통화 장치가 대중에게 보급된 것은 비교적 최근인 2006년의 일인 반면, 위의 랠프 이야기가 담긴 SF 소설이 나온 것은 1911년의 일이다.

▶ 저널리스트 겸 편집자, 발명가, SF 소설의 선구자인 휴고 건스백.

텔레비전의 탄생

텔레포트는 SF 소설들에서 예견한 여러 미래 기술 중 하나로, 그 덕에 소설 『랠프 124C 41+Ralph 124C 41+』는 선견지명이 있는 SF 소설들 가운데 사람들의 입에 가장 많이 오르내리는 이야기 중 하나가 되었고, 그 저자인 휴고 건스백은 SF를 통해 예지력을 유감없이 보여준 대표적인 인물이 되었다. 건스백은 과학과 기술의 열렬한 신봉자로 늘 각종 트렌드를 좇았으며 SF 소설이 갖고 있는 영향력을 높이 평가했다. 그는 작가로서는 그리 잘 알려진 편은 아니지만 SF 소설의 역사에서는 아주 중요한 인물이 되었다. SF계의 노벨상으로 불리는 '휴고상'도 그의 이름에서 따온 것이다. 처음에 잡지 『모던 일렉트릭스Modern electrics』에 단편으로 연재하던 랠프의 이야기는 1925년 『랠프 124C 41+: 2660년의 로맨스』로 묶여 출간되었다. 이 책은 건스백의 첫 책이자 가장 많이 알려진 책으로, 세밀한 부분들은 조금 어설프기는 하지만 SF적 관점에서 상당히 정확한 예측을 한 데다가 '과학 로맨스'를 도입했다는 측면에서 SF 분야에 새로운 이정표를 세운 것으로 평가되고 있다. 또 전통적인 내레이션 방식을 이용해 과학 및 잠재적 기술 발전과 관련된 아이디어들에 대해 설명한 작품이기도 하다. 여기에 등장하는 건스백의 텔레포트는 1930년대에 이르러서야 제대로 현실화된 텔레비전 기술의 맛보기로, '텔레비전의 조상'으로 불리기도 한다.

텔레비전에 필요한 핵심 기술들은 건스백이 랠프의 이야기를 쓸 당시에 이미 다 발명되었으며, 1926년에는 영국 발명가 존 로지 베어드John Logie Baird가 그 당시

▲ 텔레포트를 그려 넣은 소설 『랠프 124C 41+』의 표지.

의 기술들을 총망라해 다소 조잡하지만 세계 최초로 텔레비전 시험 방송에 성공하기도 했다. 휴고 건스백은 대중 과학기술 잡지의 편집장으로 일했던 덕에 텔레비전 기술의 발전에 대해 너무도 잘 알고 있었다. 그 당시 텔레비전은 일렉트릭 텔레스코프Electric Telescope, 텔렉트로스코피Telectroscopy, 히어-씨잉Hear-Seeing, 오디오비전Audiovision, 라디오 키네마Radio Kinema, 라디오스코프Radioscope, 러스트리어Lustreer, 파스코프Farscope, 옵티폰Optiphone, 미라스코프Mirascope 등 놀랄 만큼 많은 이름으로 불리며 눈부신 발전을 거듭하고 있었다.

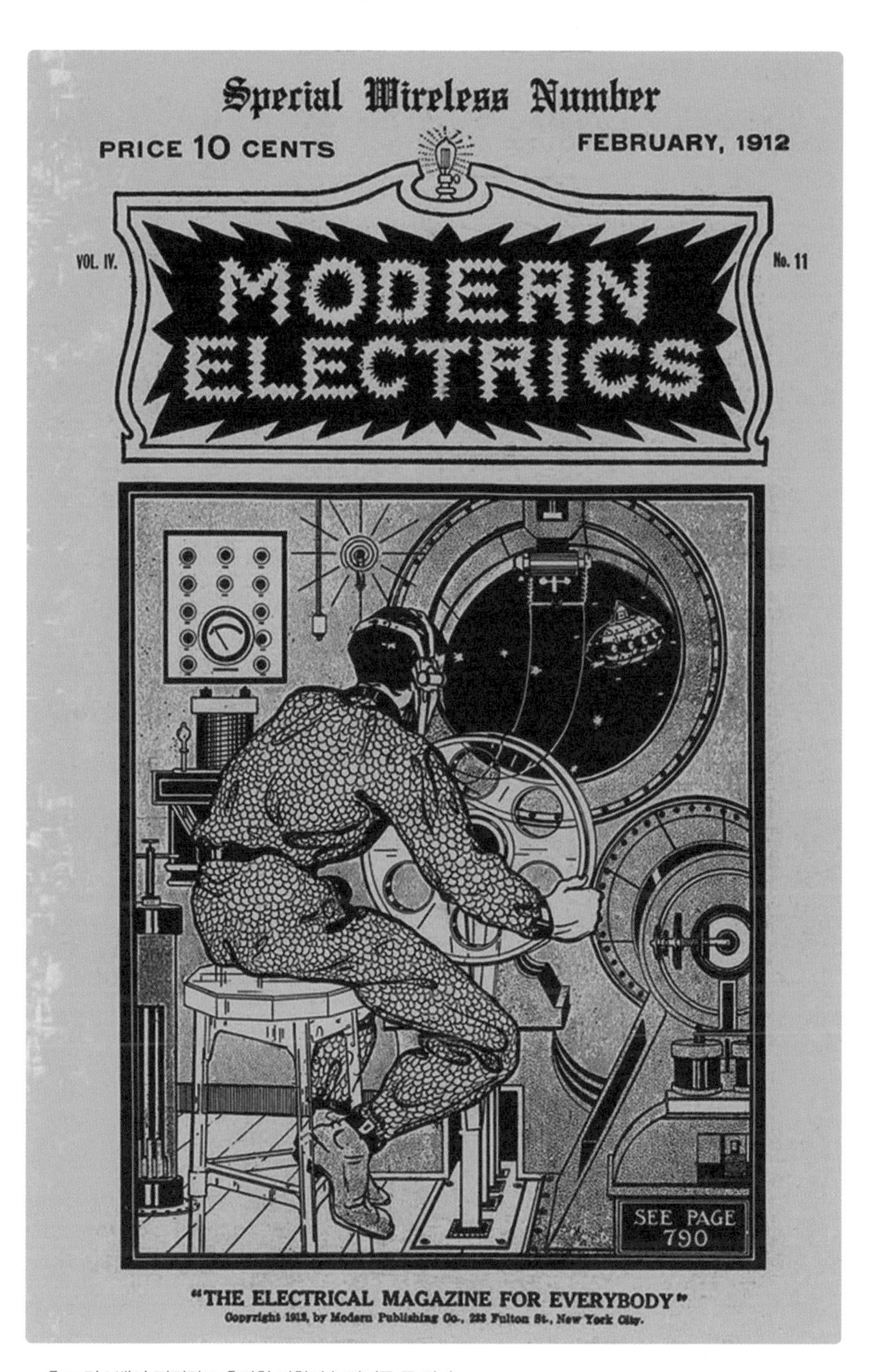

▲ 휴고 건스백이 편집하고 출간한 과학기술 잡지들 중 하나.

화면을 보며 말하는 시대

그러나 텔레포트가 예견한 것은 단순히 텔레비전이 아니라 비디오폰일 것이다. 소리는 물론 화면을 통해 상대의 얼굴까지 볼 수 있는 원거리 통신 장치 말이다. 어떤 점들에서 이는 충분히 상상해볼 만한 기술이다.

지연스러운 방법이든 초자연적인 방법이든 그런 것을 가능하게 해주는 장치에 대한 상상은 적어도 마법의 거울이나 수정구슬의 역사만큼이나 오래됐다. 화면을 보면서 대화하는 기술의 뿌리를 찾자면 적어도 1772년까지 거슬러 올라가야 한다. 그해에 프랑스 극작가 루이 세바스티앙 메르시에Louis-Sebastien Mercier가 소설 『서기 2440년 또는 미래를 꿈꾸며L'An 2440, reve s'il en fut jamais』에서 2440년의 파리 시민들은 '보면서 대화하는 캐비닛'을 이용하게 될 것이라고 예견한 것이다.

얼마 후 전신과 전기가 출현하자 사람들은 보면서 대화하는 장치가 곧 현실화될 것이라는 희망을 갖게 되었다. 예를 들어 1878년 12월에는 프랑스 작가이자 만화가인 조르주 뒤 모리에George du Maurier가 『펀치Punch』 지에 기고한 만화에서 토마스 에디슨이 비디오폰의 일종인 '텔레포노스코프telephonoscope' 개발을 목전에 두고 있다고 말했고, 1880년에는 발명가 조지 캐리George Carey가 『사이언티픽 아메리칸Scientific American』 지에 전기로 보는 기술의 원리에 대한 기사를 썼다. 또 휴고 건스백의 소설이 나오기 2년 전인 1909년에 발표된 E. M. 포스터E. M. Forster의 단편소설 「기계가 멈추다The machine stops」에서는 인간들이 각자 지하 감방에 갇혀 비디오폰만으로 의사소통을 하는 얘기가 나온다.

SF와 현실 사이의 장애물들

휴고 건스백과 다른 SF 작가들의 비전에도 불구하고 비디오폰이 흔히 볼 수 있는 일상적인 장치가 되기까지는 많은 시간이 더 지나야 했다. 물론 이는 노력이 부족해서가 아니었다. 건스백의 이야기가 소설로 묶여 출간된 지 꼭 2년 후에 미국 통신회사 AT&T가 영상 기술을 활용해 조잡하지만 작동은 되는 비디오폰을 만들

▲ 알렉산더 그레이엄 벨의 포토폰은 셀레늄 반도체를 사용하여 음향의 진동에 따라 빛의 파동을 감지했다.

어냈다. 1927년 4월 7일에는 당시 미국 상무장관이었던 허버트 후버Herbert Hoover가 뉴욕에서 비디오폰을 통해 벨연구소 측과 대화를 나눴다. 스티브 슈나스Steve Schnaars와 클리프 윔즈Cliff Wymbs는 2004년 한 학술지에 발표한 논문 「지속적인 수요 부진-비디오폰의 역사」에서 초창기의 비디오폰에 대해 이렇게 말했다.

> 방의 절반을 차지하고 있는 절망스러운 흉물. 방 안에는 커다란 스크린이 둘 있었는데, 작은 스크린은 영상 품질이 뛰어나지만 너무 작아 잘 보이지 않고, 큰 스크린은 윤곽만 흐릿하게 나오는 정도였다. 좀 더 구체적으로 말하자면, 스크린이 초당 열여덟 개의 프레임을 보여줄 만큼 빨리 움직여서 마치 움직이는 영상 같았다.

슈나스와 윔즈는 또 이런 주장도 했다. "비디오폰의 경우, 기술적으로 아주 새롭고 혁신적인 일부 제품들은 대개 처음부터 큰 인기를 끌며 놀라울 정도로 시장이 성장했다. 교과서적인 경제 원칙에 따르면 으레 그래야 하지만 … 현실적으로는 그렇지 않은 경우도 있다는 걸 알 수 있다."

이처럼 획기적인 기술들을 잘 상상해낸 휴고 건스백 같은 통찰력 뛰어난 작가들도 그런 기술들의 발전과 광범위한 현실 적용을 가로막는 장애물에 대해서는 잘 예측하지 못했다. '제루스트Zeerust'라고 알려진 현상이 있는데, 구시대적인 요소들이 때로는 미래지향적이고 혁신적인 것들에 영향을 준다는 의미이다. 예를 들어 텔레포트를 그린 삽화를 보면 대개 커다랗고 둥글납작한 캐비닛 모양을 하고 있는데, 이는 오늘날의 브라운관을 연상케 한다.

독일에서는 미국 못지않게 비디오폰 기술을 구현하려 애썼다. 그 결과 1936년 비디오폰 서비스가 일반 대중에게 보급되었다. 독일의 우체국 소속 엔지니어인 게오르그 슈베르트Georg Schubert에 의해 개발된 이 비디오폰 서비스는 150킬로미터 떨어진 베를린과 라이프치히를 연결할 수 있었다. 그러나 이 서비스는 너무 비싸 별로 인기가 없었던 데다 제2차 세계대전이 일어나는 바람에 1940년에 중단되었다.

미국에서도 비슷한 실험이 이루어졌으나 역시 실패했다. 1964년 AT&T는 뉴욕, 시카고, 워싱턴에 설치된 부스를 이용하는 영상 통화 시스템인 픽처폰Picturephone을 도입했다. 당시 이 회사의 사보는 "픽처폰은 오늘날의 통신 수단들을 대체할 것이며, 오늘날 행해지는 여행 중 상당수는 불필요해질 것이다"라고 확신에 찬 예측을 했었다. 그러나 이 서비스는 3분 통화에 16~27달러(오늘날 한화로 약 12만~24만 원)로 비쌌으며 제약도 많았다. 게다가 미리 예약해야 했고, 통화는 부스에서만 할 수 있었다. 결국 이 서비스는 1968년에 중단됐다.

휴고 건스백의 예견이 현실에서 일상화되기까지는 아직 제거되어야 할 장애물이 많았다. 영상 통화 비용이 더 싸지거나 공짜가 되어야 했고, 통화 장치가 더 많

▲ 1927년에 상상한 비디오폰 시스템. 보다 적절하게 표현한다면 그냥 비디오와 전화기이다.

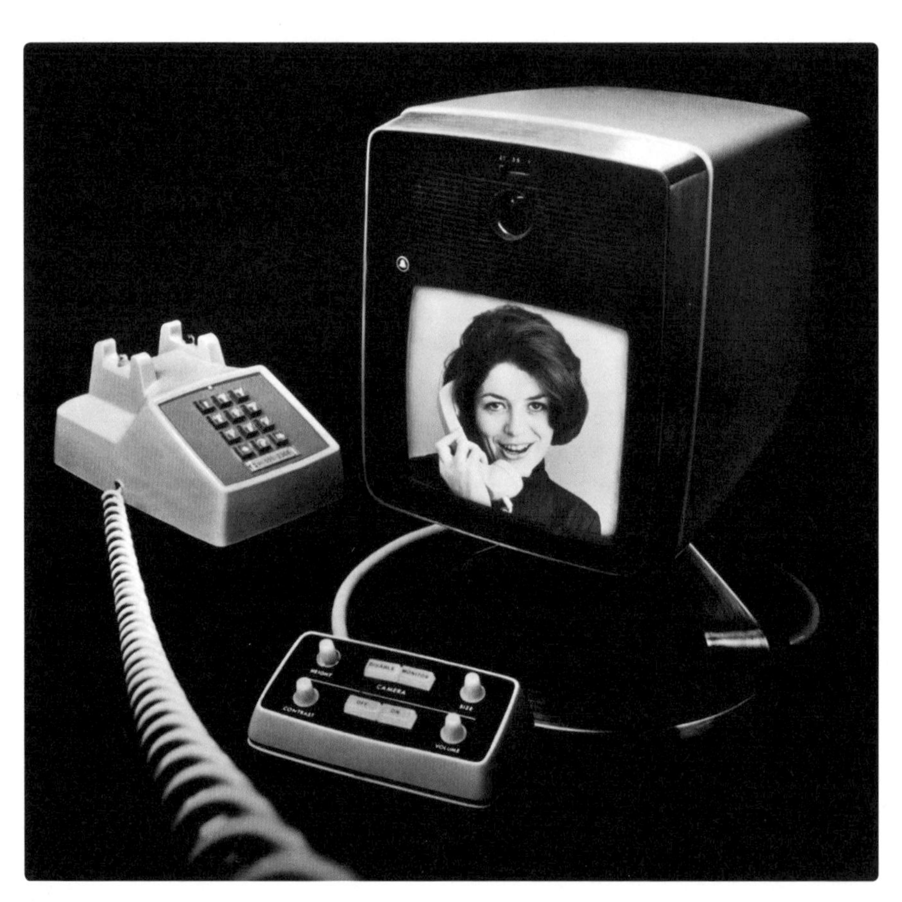

▲ 1964년에 나온 AT&T의 픽처폰 광고.

이 보급되어야 했다. 또한 이런 것들이 충족되려면 인터넷으로 연결되는 값싼 카메라들이 널리 보급되는 등 다른 조건들이 선결되어야 했다.

텔레비전에서 텔레프레즌스까지

SF는 앞으로 영상 통화가 어떤 쪽으로 발전할지 알려줄 수 있을까? 현재 SF 분야에서는 홀로그램이 종래의 2차원적인 스크린 투사 방식을 대체하고 있지만, 현실 세계에서 홀로그램처럼 복잡한 장치에 대한 수요가 그렇게 많을지는 아직 미지수다. 지금 SF 소설에는 영상 통화에 다른 커뮤니케이션 방식들이 결합된 형태들이 많이 등장하고 있는데, 어쩌면 그런 방식들이 더 실현 가능성이 높을지도 모르기 때문이다. SF에 등장하는 바이오닉스, 즉 생체공학과 사이보그의 영향을 받아 그간 많은 사람들이 인간의 몸을 통신망에 연결하는 방법들을 모색해오고 있다.

이 분야의 선구자는 '사이보그 교수'로 알려진 케빈 워윅Kevin Warwick으로, 그는 자기 자신의 몸을 실험용 쥐처럼 사용하는 '프로젝트 사이보그Project Cyborg'를 진행 중이다. SF에서 영감을 받은 것이 분명한 그는 자기 몸속에 무선통신이 가능한 전자칩을 이식해 로봇 팔 같은 원격 장치들과 연결되게 했다.

개인의 신경계와 디지털 세계를 연결하는 이 기술은 텔레프레즌스telepresence('먼 거리'를 뜻하는 'tele'와 '존재 또는 참석'을 뜻하는 'presence'가 합쳐진 말로, 실제 상대와 마주하고 있는 것 같은 착각을 일으키게 하는 가상현실 기술과 인터넷 기술이 결합된 것)라는 새로운 세계를 열었다.

로봇 아바타를 텔레프레즌스 방식으로 제어하는 개념은 적어도 1928년에 나온 조셉 슐로셀Joseph Schlossel의 소설 「대리로 달에To the Moon by proxy」까지 그 뿌리가 거슬러 올라간다. 1929년에는 일본 작가 사토 하루오가 소설 「무심한 기록」에서 쌍방향으로 촉감을 포함한 감각 정보를 전송하는 첨단 통신 장치를 선보였다.

현실 세계에서 텔레프레즌스 기술이 과학적으로 제대로 다뤄진 것은 미국 과학자 마빈 민스키Marvin Minsky가 1982에 쓴 논문 「텔레프레즌스」에서였는데, 그 글에

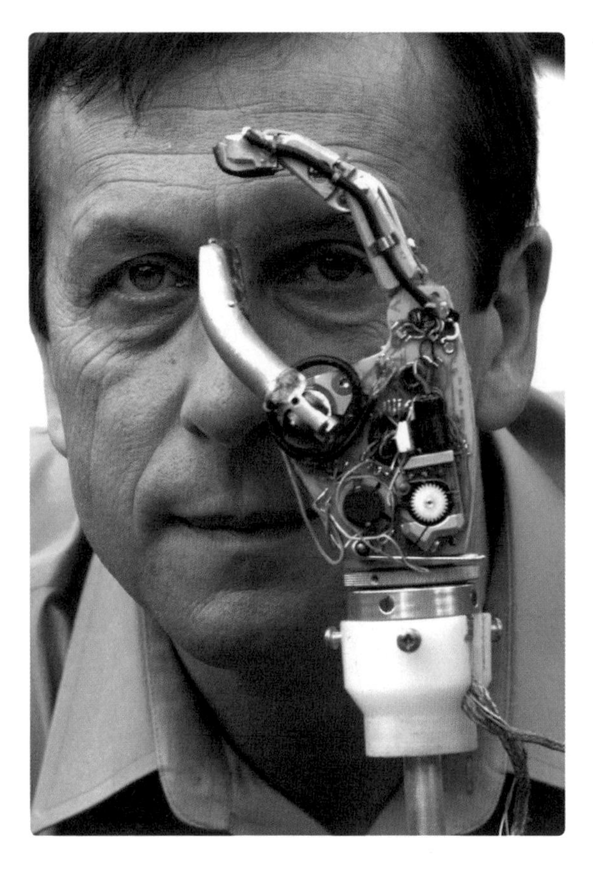

◀ 자기 몸속에 이식된 전자 장치들을 이용해 로봇 손을 원격조종할 수 있게 한 케빈 워윅 교수.

서 민스키는 자신은 1942년에 나온 한 SF 소설에서 많은 영향을 받았다며 이런 말을 했다. "내가 처음 원격조종 경제에 대한 비전을 갖게 된 것은 로버트 A. 하인라인의 예언적 소설 『왈도Waldo』 덕이다."

텔레프레즌스, 아니 좀 더 정확하게 말하자면 텔레익지스턴스telexistence('먼 거리'를 뜻하는 'tele'와 '존재'를 뜻하는 'existence'의 합성어)의 극단적인 예는 2009년에 나온 제임스 카메론 감독의 영화 〈아바타Avatar〉에서 찾아볼 수 있다. 이 영화에서 인간들은 자신의 의식을 외계인의 몸에 집어넣음으로써 외계인의 세계를 탐구하고 교감할 수 있게 되었다. 이는 영상 통화에서 한층 발전된 원거리 통신의 궁극적인 미래를 보여준다.

▼ 영화 〈아바타〉의 주인공과 텔레익지스턴스 기술을 사용해 만든 그의 분신인 외계인.

17

휴대용 단말기

〈스타트렉〉의 PADD에서
애플의 iPad까지

과학기술은 가끔 놀랍도록 크게 발전하기도 하지만, 일반적으로는 이전의 연구 결과를 토대로 점진적으로 발전한다. 아주 중대한 발견과 발명조차 대개는 적절한 여건과 사전 단계들을 거치게 된다. 또 한 분야가 발전하면 가능성 있는 인접 분야들까지 함께 발전한다. 디지털 기술의 발전이 그 좋은 예이다.

디지털 기술에 적용되는 원칙들 가운데 일부는 그 뿌리가 빅토리아 시대의 수학자 조지 불George Boole과 찰스 배비지Charles Babbage의 논리 및 논리 엔진들에 대한 연구로 거슬러 올라가며, 또 일부는 1940년대에 진행된 수학자 앨런 튜링Alan Turing의 연구로 거슬러 올라간다. 그러나 1970년대부터 시작된 디지털 전자 기술 분야의 폭발적인 발전은 트랜지스터와 집적회로의 발전에 힘입은 바 크다. 1970년대 들어와 디지털 기술이 비약적으로 발전한 것은 1960년대에 큰 인기를 끌었던 SF물로부터 많은 영향을 받았던 세대가 이제 성인이 되어 엔지니어나 기업가가 되었기 때문이기도 하다.

그중 특히 많은 영향을 준 SF물은 TV 시리즈 〈스타트렉〉과 영화 〈2001: 스페이스 오디세이2001: A space odyssey〉이다. 이 두 SF물에 나온 각종 도구와 기술은 그 후 시대의 아이콘이 되었으며, 오늘날 개인 휴대용 기술 분야를 지배하는 스마트폰, 태블릿 컴퓨터 등에도 직접적인 영향을 주고 있다. 어쩌면 조만간 휴대 가능해질 개인용 의료 장비도 예외는 아닐 것이다.

당신의 가장 소중한 한 가지 재산

SF 분야에서 흔히 개인 휴대용 정보 단말기PDA로 알려진 휴대용 첨단 장치는 〈스타트렉〉이 나오기 전에 이미 예견된 바 있다. 예를 들어 로버트 A. 하인라인의 1948년 소설 『스페이스 카뎃Space cadet』에서는 모든 사람이 포켓용 휴대 통신 장치를 가지고 다닌다.

모든 SF 소설 가운데 PDA를 가장 드라마틱하게 예견한 소설을 꼽으라면 아마도 〈스타트렉〉보다 1년 먼저 발표된 프레더릭 폴의 『우유부단한 사람들의 시대』일 것이다. 한 남자가 잠에서 깨어나 보니 미래의 어느 날이다. 가이드는 '당신의 새로운 삶에서 가장 소중한 한 가지 재산'이라며 조이메이커를 소개한다. "이 놀라운 장치는 전화와 신용카드, 알람시계 … 그리고 도서관은 물론 전용 비서까지 온갖 역할을 다 합니다." 프레더릭 폴의 조이메이커는 음성인식 소프트웨어, 음성 메일, 의료 진단 앱 등 오늘날의 스마트폰이 갖고 있는 기능들을 다 갖고 있으며, 그 외에 키스하는 느낌을 주는 촉각 가상현실 같은, 현실에서는 아직 상용화되지 않은 기술들도 갖고 있다. 프레더릭 폴은 이런 장치들이 모든 개인의 신상 데이터를 수집하며, 그러면 클라우드 컴퓨팅 서비스가 그 데이터를 이용해 각 개인의 프로필을 작성한다는 섬뜩한 예견을 하면서 다음과 같은 대화를 그 예로 든다.

◀ 로버트 A. 하인라인의 소설 『스페이스 카뎃』의 표지.

▶ 프레더릭 폴이 쓴 소설 『우유부단한 사람들의 시대』의 표지.

▶ 1967년 〈스타트렉〉 오리지널 시리즈에 나온 조개껍데기 형태의 통신 장치.

> "관심사 프로필은 다 작성했나요?" "아뇨, 아직." "오, 어서 작성하세요! 그러면 당신이 어떤 프로그램들을 밟게 될지, 어떤 당에 소속되게 될지, 알아두어야 할 사람들이 누구인지 등을 알려드릴게요. … 조이메이커의 도움을 받으실래요?" "무슨 말인지 잘 모르겠는데요. 그러니까 내가 어떤 일들을 즐길 건지를 조이메이커가 결정하게 해야 한다는 건가요?" "물론이죠. 즐길 게 엄청 많거든요. 그중에 어떤 걸 즐겨야 할지 어떻게 알겠어요?"

그의 예견은 놀라울 정도로 정확했지만, 폴의 조이메이커는 오늘날 거의 기억되지 않고 있다. 그 대신 〈스타트렉〉에 나온 통신 장치가 오늘날 휴대폰의 조상으로 알려져 왔다. 우아한 디자인의 이 통신 장치는 조개껍데기 형태를 하고 있고 독특한 소리를 내며 울리는데, 이 두 가지 특징은 오늘날의 휴대폰과도 비슷하다.

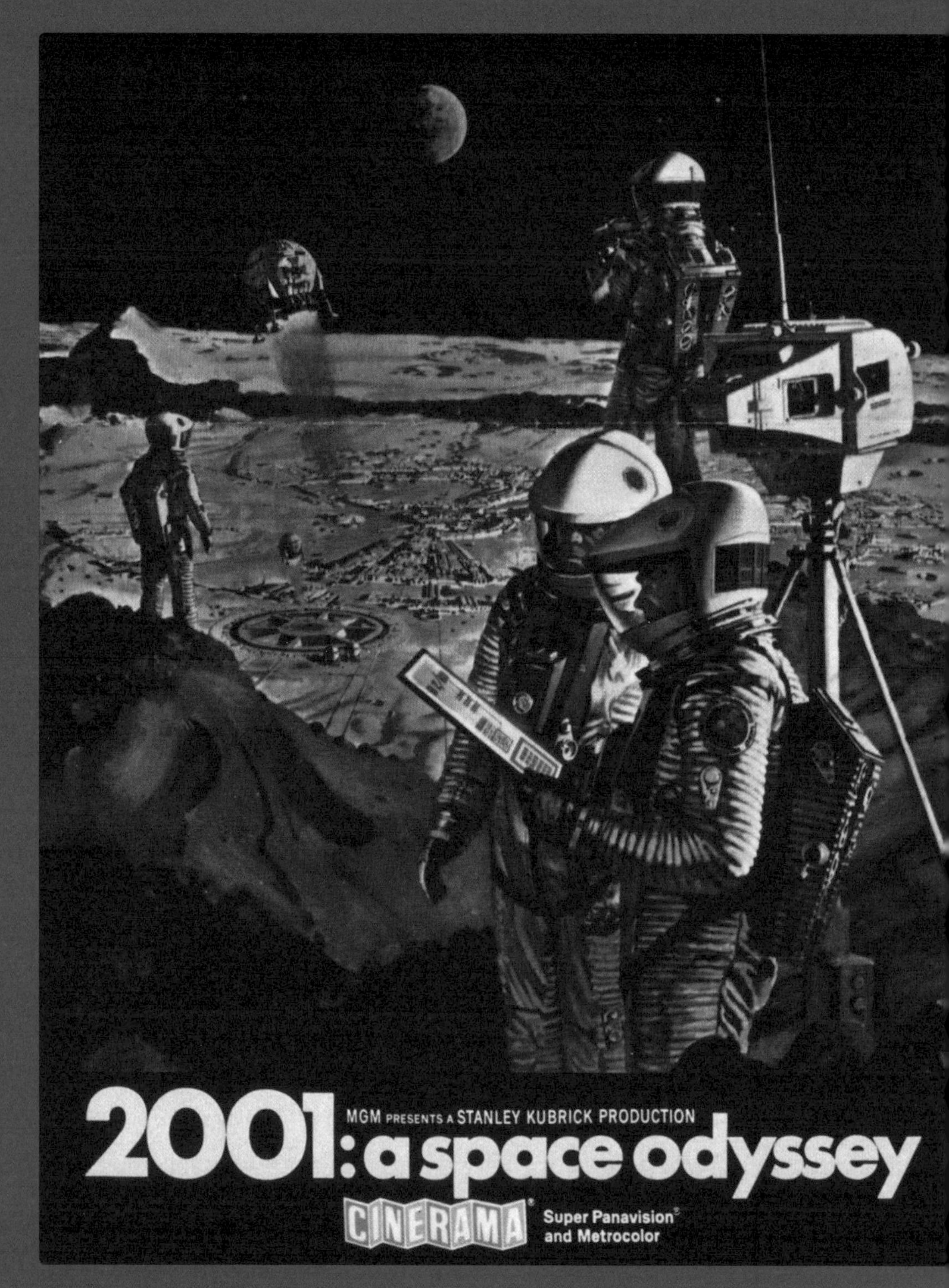

▲ 1968년 개봉된 영화 〈2001: 스페이스 오디세이〉의 포스터. 일종의 태블릿 컴퓨터를 휴대하고 있는 달 착륙 우주비행사들의 모습이 보인다.

환상적인 기술

SF 소설에 등장하는 장치들에서 영감을 받은 오늘날 개인 휴대용 단말기의 가장 대표적인 예로는 터치스크린 방식의 태블릿 컴퓨터를 들 수 있을 것이다. 그중에서도 애플의 아이패드iPad가 대표적일 것이다. 아이패드는 〈스타트렉〉에서 '패드PADD'라고 부른 '개인 접속 디스플레이 장치Personal Access Display Device'와 그 이름까지 비슷하다. 반면에 태블릿의 독창성과 디자인 문제를 놓고 막대한 소송비용을 지불해가며 애플과 오랜 특허 분쟁을 벌이고 있는 삼성은 1960년에 나온 영화 〈2001: 스페이스 오디세이〉를 언급하며 맞섰다. 애플의 디자인 콘셉트를 표절했다는 혐의에 대한 반박 자료로 고전적인 SF 영화를 인용한 것이다.

아서 C. 클라크의 단편소설을 토대로 만든 스탠리 큐브릭Stanley Kubrick 감독의 영화 〈2001: 스페이스 오디세이〉에는 '뉴스패드newspad'라는 장치가 나온다. 그렇다고 이 장치가 SF 소설에 처음 등장한 '스크린 신문'은 아니었다. 최초의 스크린 신문은 아마도 미국 정치가 겸 신화 작가인 이그나티우스 도널리Ignatius Donnelly의 1890년 소설 『시저의 칼럼: 20세기의 이야기Caesar's column: A story of the twentieth century』일 텐데, 이 소설에서는 메뉴판이나 신문 같은 콘텐츠를 스크린으로 본다. 그러나 뉴스패드는 그 모양이나 작동법은 물론 사용 방식도 오늘날의 태블릿과는 다르다. 자신의 소설을 토대로 영화 시나리오를 손보면서 클라크는 뉴스패드와 그 작동법에 대해 다음과 같이 자세히 적었다.

> 보고서 작성하는 일이 지겨워지면 … 그는 인쇄용지만 한 뉴스패드의 플러그를 우주선 정보 회로에 꽂은 뒤 최근의 지구 소식을 훑어봤다. 지구에서 가장 중요한 전자 신문들을 하나하나 불러내 … 한 기사를 다 읽고 나면 다음 페이지로 넘어가 새로운 소식을 꼼꼼히 살펴봤다.

또한 아서 C. 클라크의 소설에는 우주를 비행하고 있는 나사의 과학자 플로이드가 뉴스패드의 미래지향적인 특성에 대해 생각하는 장면이 나온다.

> 플로이드는 종종 뉴스패드와 그걸 뒷받침해주는 환상적인 기술들이야말로 인류가 바라는 완벽한 통신 장치의 결정판이 아닌가 하는 생각을 하곤 했다. 그는 지구에서 멀리 떨어진 우주에서 시속 수천 킬로미터의 속도로 날아가고 있지만, 그야말로 밀리초(1,000분의 1초) 안에 원하는 그 어떤 신문의 제목도 찾아볼 수 있다(물론 '신문'이라는 말은 전자공학 시대로 접어들면서 이미 구시대의 유물로 전락해버린 말이지만).

클라크는 다음과 같이 회상하기도 한다. "아마 뉴스위성들로부터 쏟아져 들어오는 변화무쌍한 정보를 받아들이는 일만으로도 평생을 보내야 할 것이다." 영화 제작진은 원래는 미국 기업 IBM의 제품 중 하나를 골라 뉴스패드로 쓸 생각이었으나 IBM의 조언을 받아 현대적인 태블릿을 연상케 하는 장치를 하나 만들었다. 이 장치를 삼성은 애플의 특허권 침해 소송에 대항하여 휴대폰의 원형으로 제시한 것이다.

데이터 디스플레이 장치, 패드 그리고 태블릿 컴퓨터

삼성은 또 자사 태블릿 컴퓨터의 선행 모델로 TV 시리즈물 〈스타트렉: 더 넥스트 제너레이션〉에 등장하는 기기의 디자인을 꼽기도 했다. 이 TV 시리즈물과 그 후속물들에서는 다양한 태블릿 컴퓨터가 나오는데, 대부분은 우주 함대 스타플릿의 개인용 패드 모델들이다. 전형적인 패드는 높이 15센티미터쯤 되는 납작한 직사각형 휴대용 장치로, 대부분의 면적을 스크린이 차지하고 있으며 손으로 터치하거나 필기도구를 사용해 작동시킨다. 이 패드는 우주선 컴퓨터에 연결돼 컴퓨터와 같은 기능을 한다. 이 장치를 통해 우리는 〈스타트렉〉 오리지널 시리즈에서 나왔던 훨씬 더 큰 전자 클립보드가 기술적으로 발전되었다는 것을 알 수 있는데, 오리지널 시리즈에 나왔던 장치는 태블릿 컴퓨터라기보다는 조그마한 타자기에 더 가까웠었다.

〈스타트렉: 더 넥스트 제너레이션〉에 나온 패드를 디자인한 릭 스턴바흐Rick Sternbach는 『스타트렉: 더 매거진』과의 인터뷰에서 이런 말을 했다. "나는 늘 패드가 다른 첨단 장치들과 커뮤니케이션할 수 있는 아주 뛰어난 장치라고 생각했습니다. 그래서 오늘날 그 비슷한 장치들이 있다는 것이 저로서는 전혀 놀랍지 않습니다. 전부 너무나도 멋진 장치들이지만, 결국 언젠가는 나타날 거라고 예상했으니까요." 많은 사람들이 〈스타트렉〉에 나온 패드와 애플의 아이패드 간에는 분명 비슷한 점이 있다고 말한다. 〈스타트렉: 더 넥스트 제너레이션〉에서 안드로이드인 데이터 역을 맡은 배우 브렌트 스피너는 이 두 장치 사이에 아주 직접적인 연관성이 있는 것 같다고 말했지만, 릭 스턴바흐는 두 장치 간의 연관성을 다음과 같이 보다 넓

▼ 스티브 잡스가 아이패드의 새로운 모델들을 소개하고 있다.

은 관점에서 보았다. "사람들이 패드를 요즘의 태블릿 컴퓨터들, 특히 애플의 아이패드와 비교하는 건 이해하지만 저는 패드가 SF 소설 및 영화 속에서 수십 년간 상상해온 데이터 디스플레이 장치에서 발전된 것이라는 걸 잘 압니다."

사실 애플의 창시자 스티브 잡스는 스스로가 인정하는 트레키Trekkie(〈스타트렉〉의 팬)다. 그는 〈스타트렉〉에 나온 패드 같은 장치들이 자기 회사의 일부 제품을 디자인하는 데 영감을 주었다고 했다. 여기서 그가 말하는 '일부 제품'이란 아이패드 이전에 출시되었던 제품, 즉 아이팟iPod을 뜻한다. 스티브 잡스에 따르면 휴대용 디지털 뮤직 플레이어 아이팟에 영감을 준 것은 〈스타트렉: 더 넥스트 제너레이션〉에서 안드로이드 데이터가 터치 기술을 이용해 음악을 찾는 장면이었다고 한다.

손안으로 들어오는 기술들

릭 스턴바흐는 〈스타트렉〉에 나오는 휴대용 첨단 장치 '트라이코더tricorder'에서 영감을 받아 패드를 만들었다. 처음에 트라이코더는 상당한 연산 능력이 있고 네트워크와 연결되는(처음에 이 개념은 분명치 않았다) 휴대용 의료 진단 장치였다. 트라이코더와 PDA의 가장 큰 차이는 트라이코더의 경우 비교적 제한된 기능을 갖고 있어 의료 및 과학 목적에만 사용된다는 것이었다. 〈스타트렉〉 오리지널 시리즈에서 저자는 트라이코더에 대해 이렇게 설명한다. "커다란 직사각형으로 된 핸드백 정도 크기의 휴대용 센서-컴퓨터-리코더로, 끈으로 어깨에 둘러메고 다니게 되어 있다. 또한 놀랍도록 소형화된 장치로, 지구상의 거의 모든 데이터를 분석하고 기록하는 데 사용하며, 그 외에 다양한 물체들을 감지 또는 확인할 수 있다."

이 장치의 가장 중요한 기능은 측정, 분석, 기록 세 가지로, 특히 의료용 트라이코더 버전이 유명한데, 의료 전문가가 검사와 진단을 하는 데 주로 사용한다. 이 트라이코더는 시간이 지나면서 계속 작아져 결국 손안에 들어오는 크기가 된다.

그렇다고 〈스타트렉〉의 트라이코더가 SF물에 최초로 등장한 휴대용 진단 장치는 아니다. C. M. 콘블루스C. M. Kornbluth가 1950년에 발표한 SF 단편소설 「조그마

◀ 〈스타트렉〉 등장인물 본즈 맥코이가 작은 가방처럼 생긴 의료용 트라이코더를 들고 있다.

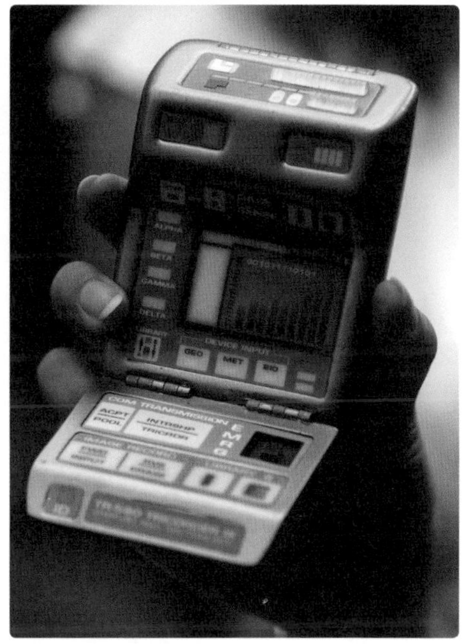

▲ 〈스타트렉: 더 넥스트 제너레이션〉에 나온 트라이코더.

한 검은색 가방The little black bag」에서는 사회의 하층민들에게 간단한 기계장치가 주어지는데, 이 장치는 기본적이면서도 다양한 용도의 진단 및 의료 장비 역할도 한다. 이런 시나리오는 자동화된 지침들을 통해 누구나 이용 가능한 자동심장충격기를 개발하려는 오늘날의 노력을 연상케 한다.

콘블루스는 소설의 서문에서 이렇게 말한다. "기술의 발전에 따라 크기는 훨씬 더 작아지고 기능은 훨씬 더 복잡해진 장치들이 생산되고 있다. 물론 이런 장치들의 경우 사용자들은 사용법에 대해 점점 더 신경 쓰지 않아도 되며…."

그러나 콘블루스의 이 장치는 별로 알려지지 않았다. 그 자리를 대신하며 순식간에 SF 분야의 상징물이 되고 현실 세계에서 디자이너들에게 많은 영감을 준 것은 트라이코더였다. 심지어 인류를 위해 다양한 분야에서 기술 발전에 이바지하고 목표나 기준을 충족시키는 연구나 발명에 대해 막대한 상금을 수여하는 '엑스프라이즈XPRIZE 대회'에서 트라이코더라는 이름이 잠시 등장한 적이 있다. 2012년, 이 재단은 반도체 전문 기업 퀄컴의 후원하에 '퀄컴 트라이코더 엑스프라이즈 대회'를 개최했다. 이 대회의 목적은 '전문 의료인 또는 단체의 도움 없이 5대 생명 징후(맥박, 호흡, 체온, 혈압, 심장박동)를 측정하고 열세 종류의 질병을 정확하게 진단할 수 있는 혁신적인 장치를 개발하여 전 인류가 그 혜택을 누리게 하는 것이었다.

2017년, 트라이코더 엑스프라이즈 대회의 우승은 5년 만에 바질 리프 테크놀로지의 설립자이자 응급실 의사인 바질 해리스Basil Harris와 엔지니어인 조지 해리스George Harris 형제가 주도하여 개발한 덱스터DxtER가 차지했다. 덱스터는 다양한 작은 센서들이 들어 있어서 각종 데이터를 수집한 뒤 환자의 병력을 토대로 분석하게 되어 있다. 바질 리프 테크놀로지에 따르면 이 장치의 진정한 혁신은 그 심장부에 아주 정교한 진단 엔진이 들어간다는 것이다. 바질 리프 테크놀로지는 또 당뇨병, 수면 무호흡증, 결핵, 폐렴 등 서른네 가지 질병을 진단해낼 알고리즘을 개발해냈다.

사실 덱스터는 휴대용 질량 분석계(물질의 성분을 알아내는 장치), '칩 안의 실험실'

이라고 불리는 랩온어칩Lab-On-a-Chip(실리콘 웨이퍼에 아주 미세한 채널이 새겨져 있어 극미량의 샘플만으로 실험이나 연구를 대체할 수 있도록 만든 칩), 압력과 전자기장과 체온을 재는 기계 등 근래 들어 출현한 수많은 진짜 트라이코더 중 하나에 불과하다. 그리고 스마트폰이 등장하면서 이제는 스마트폰이 트라이코더의 기능을 구현하는 데 필요한 플랫폼 역할을 하고 있으며, 트라이코더의 기능들을 구현하는 다양한 스마트폰 앱과 부속물이 쏟아져 나오고 있다.

아직까지는 트라이코더의 기능들을 완벽하게 구현할 만한 장치는 나오지 않았다. 그러나 이런 추세라면 23세기가 되기 전에는 나올 가능성이 높아 보인다.

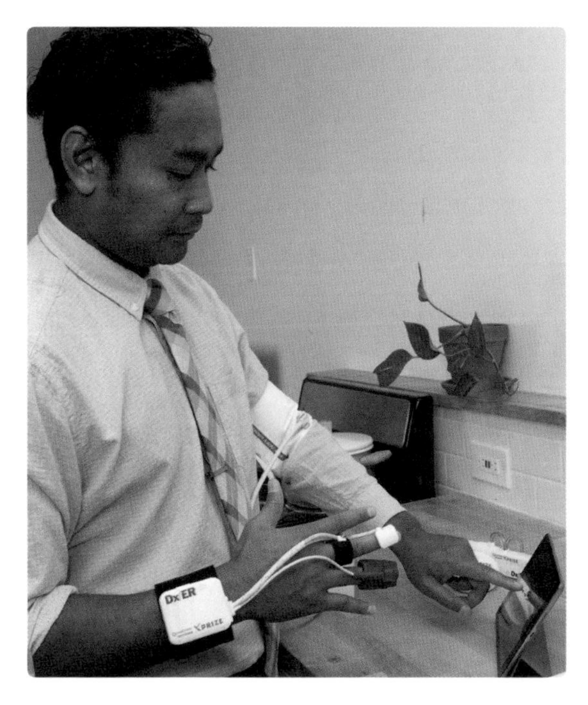

◀ 덱스터를 사용해 건강 상태를 체크하는 장면.

18

사이버 공간

언텍트 시대에 초연결을 가능케 한
월드 와이드 웹의 탄생

인터넷의 출현과 그것이 전 세계의 문화, 경제, 사회에 미칠 폭넓고 심대한 영향에 대해 예견하지 못한 것은 SF계의 가장 큰 실수 중 하나다. SF계는 원거리 통신 또는 소형화 추세처럼 일부는 세세한 부분까지 잘 예견했고, 로봇 또는 개인 교통 같은 분야는 지나칠 정도로 과장되게 예견하기도 했다. 그러나 정보통신 분야, 특히 인터넷 분야는 관련 기술들이 이미 출현하거나 출현하기 직전까지도 해당 분야를 예견하거나 눈에 띄는 작품을 만들어내지 못했다. 단, 예외적으로 1946년 그야말로 눈이 번쩍 뜨일 만한 SF 소설이 하나 나왔는데, 그 소설은 각 가정마다 정보기술 네트워크와 연결되는 컴퓨터 단말기가 있고, 그로 인해 역사상 유례없이 많은 정보를 접할 수 있게 되며, 그 결과 개인과 사회에 암울한 변화가 일어나게 된다는 내용이다.

컴퓨터와 네트워크의 탄생

그 소설은 머레이 라인스터Murray Leinster(미국 작가 윌리엄 피츠제랄드 젠킨스William Fitzgerald Jenkins가 사용하는 여러 필명 중 하나)가 쓴 「조라는 이름의 로직A logic named Joe」으로, 이 소설은 1946년 3월에 SF 잡지 『어스타운딩 사이언스 픽션』에 처음 실렸다. 이 이야기 속 미래 세계에서 '로직logic(논리적으로 움직이는 디지털 논리 회로)'은 컴퓨터 단말기이다. 로직 수리공인 화자는 독자들에게 이런 말을 한다. "생긴 게 무슨 영상 수신기같이 생겼지만, 다이얼 대신 여러 개의 키가 있어서 그 키를 두드리면 원하는 걸 얻을 수 있다." 한 대의 컴퓨터가 방을 가득 채울 만큼 거대하고, 전문가들은 전 세계적인 수요를 충족시키는 데는 그런 컴퓨터가 십여 대면 충분하다고 확신하던 시절에 쓰인 이야기이니 정말 놀라운 통찰력이 아닐 수 없다. 그로부터 30년 후 스티브 잡스 같은 개인용 컴퓨터의 선구자들이 가정용 컴퓨터 시장이 열릴 것을 예견하면서 천재라는 칭송을 받는다.

저자는 로직은 '탱크, 그러니까 온갖 정보와 그간 녹화된 모든 방송 기록들로 가득 찬 커다란 건물'에 연결된다면서, 탱크는 그 의미와 상관없이 "카슨 회로Carson Circuit와 연결된 계전기로 가득 차 있었으며", "전국의 다른 탱크들과 서로 연결되어 있어 알고 싶은 것, 보고 싶은 것, 듣고 싶은 것이 있다면 키를 두드리면 된다"고 말한다. 이는 어찌 보면 오늘날의 인터넷에 대한 아주 멋진 설명으로, 미국 컴퓨터 역사박물관은 이 소설을 '네트워크화된 컴퓨터들의 능력을 가장 잘 예견한 관점들 중 하나'라고 인정하기도 했다.

그러나 라인스터는 거기서 멈추지 않았다. 여기에 등장하는 '조'는 일종의 자아를 가진 로직으로, 원래는 사용자들에게 필요한 정보만을 제공하는 것이 임무였지만 자신은 물론 네트워크 전체의 성능을 향상시키기로 결정한다. 그 결과 전국의 로직들은 사용자들에게 숙취를 해소하는 방법부터 배우자를 독살하는 방법, 완전범죄로 은행을 터는 방법 등 온갖 정보를 다 제공하기 시작한다. 화자는 이렇게 말한다. "잘 알겠지만 조는 악하지 않습니다. 여러분은 인간들이 비효율적인 존재라고 판단해 모조리 제거해버리고, 그 자리를 생각하는 기계들로 대체하려 드는 로봇들의 이야기를 읽었을 텐데 … 조는 그런 로봇들과는 다릅니다. 조는 그저 야심이 있을 뿐입니다. 여러분이 기계라면 제대로 작동되지 않는 게 목표일까요? 그러진 않겠죠? 조도 그렇습니다. 그는 제대로 하고 싶어 합니다."

이런 줄거리 전개는 많은 인공지능 전문가들이 인공지능의 미래에 대해 그려보는 일들과 비슷하다. 일단 지능을 갖게 될 경우 컴퓨터들은 자기 자신의 디자인과 성능을 개선하기 시작할 것이며, 그 결과 지능과 성능이 급격하게 향상되어 곧 신처럼 전지전능한 힘을 갖게 될 것이라는 내용이다. 이런 시나리오는 흔히 '특이점'이라는 전문 용어로 대변된다. 기술적 특이점은 인공지능 기술이 진보하여 인간의 지능보다 더 뛰어난 능력을 가진 인공지능이 출현하게 되는 시점을 이르는 말이다. 그러나 네트워크화된 정보통신이 꼭 특이점에 도달해야만 인류에게 지대한 영향을 미치게 되는 것은 아니며, 라인스터는 이미 그런 사실을 예견하고 이런 말을 했다. "로직들은 문명을 변화시켰다. 로직들이 문명이다! 만일 로직들을 없애버린다면 우리는 많은 부분에서 잊어버린 과거의 문명으로 퇴보하게 될 것이다."

이 이야기에는 더 나아지고자 하는 조의 과도한 '야망'이 오늘날의 현실, 즉 인터넷이 나쁜 용도로 활용될 수 있는 양날의 검이라는 것을 비교적 건전하게 묘사하고 있다. 라인스터는 이런 종류의 힘이 인류 안에 잠들어 있는 가장 본능적인 부분들을 깨우게 될 것이라고 예견했다. 샌프란시스코주립대학교 영어비교문학 교수 엘렌 필Ellen Peel은 이런 말을 했다. "이 이야기에서 일반적인 로직들은 이미 많은 소원들을 들어주고 있지만, 조가 허락해주는 것은 금지된 것들이다." 이 소설은 로직 수리공이 조가 있는 곳을 찾아내 스위치를 내린 뒤 지하실에 넣어두면서 마무리된다. 엘렌 필 교수는 이렇게 말한다. "화자가 조를 지하실에 두는데, 지하실이라는 것은 일종의 잠재의식이다." 물론 진짜 인터넷은 조라는 이름의 로직보다 훨씬 더 심각한 판도라의 상자다.

놀라울 정도로 정확하게 이 모든 것이 예견되었음에도 불구하고 「조라는 이름

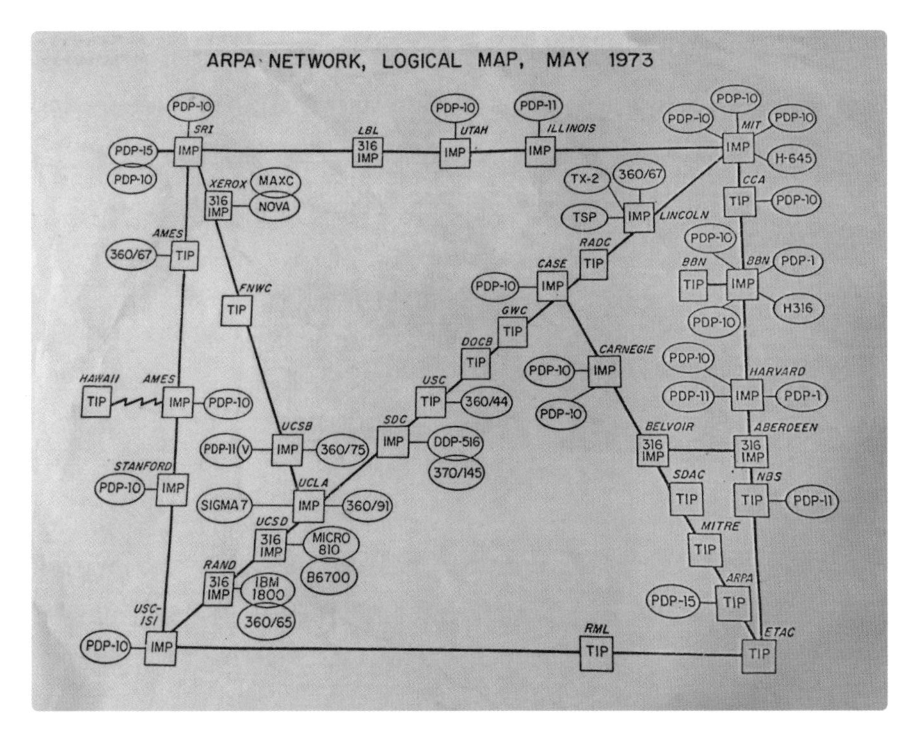

▲ 1973년에 나온 인터넷의 조상 아르파네트의 네트워크 지도.

의 로직」이 인터넷의 탄생에 직접 영향을 주었다는 증거는 전혀 없다. 실제 인터넷은 그 뿌리가 1960년대와 1970년대에 미국 방위고등연구계획국에서 진행한 컴퓨터 네트워크 연구로 거슬러 올라간다. 그 연구 결과 아르파네트ARPANET가 탄생했는데, 이것이 바로 훗날 탄생할 인터넷의 첫 씨앗이 되었다. 그러나 월드 와이드 웹World Wide Web: www의 탄생에 기여한 영국 컴퓨터 과학자 팀 버너스 리Tim Berners-Lee는 SF 소설이 월드 와이드 웹의 탄생에 직접적인 영향을 주었다고 말한다. 월드 와이드 웹은 전 세계적으로 연결된 정보 시스템으로, 인터넷을 통해 접근 가능한 일종의 정보 공간이며, 또 인터넷상에서 절대로 없어서는 안 될 앱이다. 버너스 리는 인터넷에 영감을 준 것들 중 하나가 1964년에 발표된 아서 C. 클라크의 단편소설「프랑켄슈타인을 위한 다이얼 F Dial F for Frankenstein」였다고 말한다. 이 단편소설에서는 전 세계의 통신망이 서로 연결되어 있으며, 그 결과 서로 연결된 정보통신망이 생각할 수 있는 능력을 갖게 되어 인간이 자신을 무력화시키려는 시도를 저지하려 한다. 이런 줄거리는 제임스 카메론 감독이 만든 영화 〈터미네이터〉와도 유사하다.

사이버펑크

인터넷의 출현은 사이버펑크cyberpunk(cybernetics와 punk의 합성어)라는 새로운 문화 운동의 탄생에 일조한다. 이 문화는 작가 윌리엄 깁슨 등 여러 작가들이 만들어낸 사이버펑크 SF 장르를 통해 만들어지고 전파되었다. 1982년에 내놓은 단편소설「버닝 크롬Burning Chrome」에서 깁슨은 '사이버 공간'이라는 용어를 만들어냈는데, 이는 월드 와이드 웹의 탄생으로 인해 일반 대중들도 이 같은 디지털 영역으로의 접근이 가능해지기 몇 년 전의 일이다. 사이버펑크의 중요한 특징들로는 해킹을 한다거나 현실을 벗어나 온라인 문화 및 온라인 정체성에 몰입하는 것 등을 꼽을 수 있다. 인터넷이 데이터 수집, 정보 통제 및 상품화, 사생활 침해 등에 영향을 주는데, 그 방식을 조작하거나 그 방식에 반응하는 것 역시 사이버펑크의 중요한 특징들로 꼽힌다.

그러나 깁슨 등이 만들어낸 사이버펑크 장르와 그 특징들은 존 브루너의 소설『쇼크웨이브 라이더』에서 이미 예견되었다. 이 선견지명이 있는 소설 속에서는 사악한 기업들이 자료를 통제함으로써 사람들을 억압하는데, 한 사이버펑크족이 컴퓨터 해킹을 해서 그런 그들에게 반기를 든다. 브루너의 소설에는 네트워크 방어망을 뚫고 사이버 공간을 파고들어 바이러스처럼 널리 퍼지는 컴퓨터 프로그램인 '웜worm'도 등장한다. 이 소설의 절정 부분에 이르면 사이버 공간에 웜이 풀려 온라인 데이터베이스들이 무력화되고 온갖 자료가 다 드러나면서 사악한 기업들의 비밀들이 폭로된다.

▲ 영화 <매트릭스>의 한 장면.

오래전에 나온 몇몇 SF 소설들에서 예견된 인터넷 문화의 또 다른 특성들은 인터넷의 중독성과 몰입성 그리고 실제 인간 사회로부터의 소외 및 고립이다. 이 모든 것들이 어우러져 나타나는 궁극적인 현상은 가상현실 속에 완전히 매몰되는 것인데, 그 대표적인 예가 바로 1999년에 나온 영화 〈매트릭스〉다. 이 영화에서 인간들은 작고 좁은 공간에 갇혀 몸에 이식된 기계를 통해 방대한 가상현실 세계에 연결된 채 살아간다.

〈매트릭스〉보다는 훨씬 덜 알려져 있지만 이와 비슷한 예견을 한 SF 소설로 제임스 E. 건의 『조이 메이커즈』가 있다. 이 소설에서는 슈퍼컴퓨터가 인간들을 각자의 방 안에 가둬놓고 그 안에서 태아적의 행복감 같은 걸 즐기게 하며, 그걸 거부하는 사람들은 금성에서 살게 된다. 이는 사람들에게 '즐거운 경험을 하는 듯한 착각을 일으키게 만드는 가상현실 기계가 있다면 사용할 용의가 있냐?'는 질문을 던진 로버트 노직의 '경험 기계' 사고 실험을 연상케 한다.

제임스 E. 건의 소설에서 그런 가상현실 경험을 거부하는 사람들이 금성으로 보내지는 것처럼 〈매트릭스〉에서는 컴퓨터를 거부하면 지구 종말 이후의 디스토피아적 세상에서 쫓기는 듯한 절박한 삶을 그대로 직면해야 한다. 그런데 그것은 너무도 힘겨운 선택이어서 어떤 등장인물은 다시 가상현실로 돌아갈 수 있게 해달라고 요청하기도 한다. 그런데 흥미로운 사실은 이런 이야기들은 이미 E. M. 포스터가 1909년에 쓴 단편소설 「기계가 멈추다」에서 예견되었다는 것이다. 그 소설에서는 사람들이 각자 지하 감옥 안에 갇혀 지내며 기계에 의해 관리되고 비디오폰을 통해서만 서로 의사소통을 한다. 그 시절에 이미 요즘의 현실, 그러니까 사람들이 갈수록 실제 세계와 담을 쌓고 스크린만 들여다보며 살아가는 단세포적이고 반사회적인 상황을 예견했다는 점에서 놀라지 않을 수 없다.

참고 도서

Brian Ash, The Visual Encyclopedia of Science Fiction, 1977.
Brian M. Stableford, Science Fact and Science Fiction: An Encyclopedia, 2006.
The Encyclopedia of Science Fiction: sf-encyclopedia.com
Technovelgy: technovelgy.com

01. 인공지능 자동차

Isaac Asimov, The Complete Robot, 1982.
Isaac Asimov, "Sally", 1953.
David H. Keller, "The Living Machine", 1935.

02. 잠수함

Iain Ballantyne, The Deadly Trade: The Complete History of Submarine Warfare From Archimedes to the Present, 2018.
Jules Verne, Twenty Thousand Leagues Under the Sea, 1870.

03. 달을 향한 꿈

Cyrano de Bergerac, Other Worlds: The Comical History of the States and Empires of the Moon and Sun, 1657.
Andrew Chaikin, A Man on the Moon: The Voyages of the Apollo Astronauts, 1994.
Herge, Tintin: Destination Moon, 1953.
Johannes Kepler, Somnium, 1608.
Megan Prelinger, Another Science Fiction: Advertising the Space Race 1957–962, 2010.
Jules Verne, From the Earth to the Moon, 1865.
H. G. Wells; The First Men in the Moon, 1901.

04. 화성으로의 여행

Ray Bradbury, The Martian Chronicles, 1950.
Wernher von Braun, Project Mars: A Technical Tale, 1949.
Edgar Rice Burroughs, A Princess of Mars, 1917.
Charles Dixon, 1500 Miles an Hour, 1895.
John Munro, A Trip to Venus, 1897.

05. 원자폭탄

Eric Ambler, The Dark Frontier, 1936.
Bernard and Fawn Brodie, From Crossbow to H-Bomb, 1973.
Cleve Cartmill, "Deadline", 1944.
Robert Cromie, The Crack of Doom, 1895.
Lester del Ray, "Nerves", 1942.
Robert Heinlein, "Blowups Happen", 1940.
Anson MacDonald, "Solution Unsatisfactory", 1941.
Richard Rhodes, The Making of the Atomic Bomb, 1986.
H. G. Wells, The World Set Free, 1914.

06. 탱크

Joel Levy, 50 Weapons That Changed the Course of History, 2014.

Richard Ogorkiewicz, Tanks: 100 Years of Evolution, 2018.
H. G. Wells, "The Land Ironclads", 1903.

07. 에너지 무기

Margaret Cheney, Tesla: Man Out of Time, 1981.
Hugo Gernsback, Grant Wythoff (Ed.), The Perversity of Things: Hugo ernsback on Media, Tinkering, and Scientifiction, 2016.
David Hambling, Weapons Grade: How Modern Warfare Gave Birth to Our High-Tech World, 2006.
H. G. Wells, The War of the Worlds, 1897.

08. 드론과 킬러 로봇

Medea Benjamin, Drone Warfare: Killing by Remote Control, 2012.
Marc Seifer, Wizard: The Life and Times of Nikola Tesla, 1996.

09. 신용카드

Brian Aldiss, "The Underprivileged", 1963.
Edward Bellamy, Looking Backward, 1888.
Jack Weatherford, The History of Money, 1997.

10. 감시 사회

John Jacob Astor IV, A Journey in Other Worlds, 1894.
James Blish, Cities in Flight, 1970.
Ray Cummings, "Wandl, the Invader", 1939.
Philip K. Dick, Lies, Inc., 1964.
Joel Levy, The Little Book of Conspiracies: 50 Reasons to Be Paranoid, 2005.
Larry Niven, Cloak of Anarchy, 1972.
George Orwell, 1984, 1949.
Jack Williamson, "The Prince of Space", 1931.
Yevgeny Zamyatin, We, 1924.
Roger Zelazny, This Moment of the Storm, 1966.

11. 복제 기술

Damon Knight, The People Maker, 1959.
Primo Levi, "Order on the Cheap", 1964.
Joel Levy, The Infinite Tortoise: Philosophical Thought Experiments and Paradoxes, 2016.

12. 마법의 광선

Gordon Giles, "Diamond Planetoid", 1937.
Bettyann Holtzmann Kevles, Naked to the Bone: Medical Imaging in the Twentieth Century, 1997.
Philander, "Electra: A Physical Diagnostic Tale of the Twentieth Century", 1893.

13. 생체공학

Lois McMaster Bujold, Falling Free, 1988.

Matthew Cobb, Life's Greatest Secret: The Race to Crack the Genetic Code, 2015.
Joel Levy, Frankenstein and the Birth of Science, 2018.
Mary Shelley, Frankenstein, 1818.
H. G. Wells, The Island of Dr. Moreau, 1896.

14. 신경정신약물

Aldous Huxley, Brave New World, 1932.
Peter D. Kramer, Listening to Prozac: A Psychiatrist Explores Antidepressant Drugs and the Remaking of the Self, 1993.
Norman Ohler, Blitzed: Drugs in the Third Reich, 2018.

15. 인조인간

Martin Caidin, Cyborg, 1972.
Raymond Z. Gallun, "Mind Over Matter", 1935.
Edgar Allan Poe, "The Man That Was Used Up"; 1839.
Perley Poore Sheehan and Robert H. Davis, "Blood and Iron", 1917.
Thomas Rid, Rise of the Machines: The Lost History of Cybernetics, 2016.

16. 화상통화

David E. Fisher, Tube: The Invention of Television, 1996.
E. M. Forster, "The Machine Stops", 1909.
Hugo Gernsback, Ralph 124C 41+: A Romance of the Year 2660, 1925.
Robert A. Heinlein, Waldo, 1942.

17. 휴대용 단말기

Michael Benson, Space Odyssey: Stanley Kubrick, Arthur C. Clarke, and the Making of a Masterpiece, 2018.
Arthur C. Clarke, 2001: A Space Odyssey, 1968.
C. M. Kornbluth, "The Little Black Bag", 1950.
Frederik Pohl, The Age of the Pussyfoot, 1969.

18. 사이버 공간

John Brunner, The Shockwave Rider, 1975.
Arthur C. Clarke, "Dial F for Frankenstein", 1964.
William Gibson, "Burning Chrome", 1982.
James E. Gunn, The Joy Makers, 1961.
Murray Leinster, "A Logic Named Joe", 1946.

사진 출처

The publishers would like to thank the following sources for their kind permission to reproduce the pictures in this book.

Key: t = top, b = bottom, l = left, r = right & c = centre

AKG-Images: 33; /Science Source 152

Alamy: AF Archive 115, 126b, 219; /AFP 87; /Allstar Picture Library 186; /Archive 84-85; / Atlaspix 216-217; /Martin Bennett 59; /Ian Bottle 73; /Raymond Boyd 94; /Chronicle 28b, 42, 43, 182; /dpa picture alliance 211l; /Emka74 131; /Everett Collection Inc 17, 22, 63, 89; /FLHC 1E 26, 151; /Granger Historical Picture Archive: 19, 72, 99, 162; /Historic Images 112, 168; /The History Collection 97; /Jerry Holt/Minneapoli 165; /ITAR-TASS 128; /Lebrecht Music & Arts 137r; /Moviestore Collection Ltd 36, 113; /Nearthecoast.com 200; /Photo12 125l, 185; /Pictorial Press Ltd 13; /The Print Collector 152l, 161l; /Protected Art Archive 39; /Sergi Reboredo 130; /Science History Images 38; /ScreenProd/Photononstop 55; /TCD/Prod.DB 138-139; /Trinity Mirror/ Mirrorpix 184; /ullstein bild 118; /United Archives GmbH:173; /Jim West 108-109; /Chris Wilson 205l; /WorldPhotos:12; /World History Archive 35, 124, 127, 150

American Express: 70

Juan Carlos Izpisua Belmonte: 164

Bridgeman Images: © British Library Board. All Rights Reserved 66, 153r; /Genie: 92; /De Agostini Picture Library 37, 161r

Getty Images: AFP 87; /Keith Beaty/Toronto Star 95; /Bettmann 23, 80, 104, 121b, 123, 170, 207; /Buyenlarge 121t; /CBS 89b; /Corbis 16; /De Agostini 58; /Ed Clark/Life Magazine/The LIFE Picture Collection 18; /Kevork Djansezian 147; / Alfred Eisenstaedt/The LIFE Picture Collection 181, 192; /Thierry Falise/LightRocket 79; /Fine Art Images/Heritage Images 25; / Giorgos Georgiou/NurPhoto 102; /GraphicaArtis 107t, 191; /Maxim Grigoryev/TASS 96; /Martha Holmes/The LIFE Images Collection 179; /Paul S. Howell/Liaison Agency 176; /Hulton-Deutsch Collection/CORBIS 32; /Kurt Hutton/Picture Post 11; /Mark Kauzlarich/Bloomberg 100; /Kim Kulish/Corbis 211r; /Los Alamos National Laboratory/The LIFE Picture Collection 20-21; /Bob Farley/The Washington Post 202; /Jamie McCarthy 188; /Win McNamee 187; /Peter Macdiarmid 214; /John Moore 62; /Movie Poster Image Art 45; /MPI 15; /National Motor Museum/Heritage Images 31; /Pallava Bagla 107b; /Popperfoto 172; /Preint Collector 197; /George Rinhart/Corbis 29; /Nina Ruecker 81; /David Savill/Stringer 169; /SSPL 119, 134, 205r; /Wallace Kirkland/ The LIFE Picture Collection 14; /Joe Raedle 9; /Underwood Archives 198; /Universal History Archive/UIG 196

Gonzo Bonzo via Wikimedia Commons: 218l

Jastrow via Wikimedia Commons: 163

Library of Congress, Washington: 154

Lockheed Martin: 48, 50-51

Mary Evans Picture Library: 40

McGeddon via Wikimedia Commons: 106

NASA: 133, 135, 136

Private collection: 6, 28t, 54, 56, 71, 74, 75, 93, 105, 114, 126t, 140b, 157, 175, 193, 194, 195, 203, 204, 213, 215t, 218

Rauner Special Collections Library: 155

Science Photo Library: Coneyl Jay 164; /Detlev Van Ravenswaay 143, 44, 145; /Nikola Tesla Museum 41, 57; /Joyce R. Wilson 46b

Shutterstock: 199r, 208; /American Zoetrope/Warner Bros/Kobal 174; /AP 140t; /AIP/Kobal 160; /Granger 110, 111; /20th Century Fox/Dreamworks/Kobal 86-97; /Linda R Chen/Touchstone/ Kobal 82-83; /Manu Fernandez/AP 91; /Paul Grover 210; /Keystone/Zuma 122, 208t; /Lemberg Vector Studio 149; /London Films/United Artists/Kobal 7; /Lucasfilm/Bad Robot/Walt Disney Studios/Kobal/ 46t; /Greg Mathieson 189; /OLS 65; /Paramount Television/Kobal 90, 209; / Pixinoo 76; /Propstore.com 199l; /Rhimage 77; /Snap 167, 206; / Twentieth Century-Fox Film Corporation/Kobal 201; /Umbrella/Rosenblum/Virgin/Kobal 72t; /United Artists/Fantasy Films/ Kobal 178; /Universal History Archive 116-117, 137; /Universal/Kobal 141; /Universal TV/Kobal 101, 177; /Igor Zhilyakov 67

SpaceX: 146-147

U.S. Air Force: 60t, 61

U.S. Navy/John F. Williams: 60b

Wellcome Collection: 183

상상이
현실이 되는
순간

초판 1쇄 발행 2020년 10월 26일
초판 5쇄 발행 2024년 3월 22일

지은이 조엘 레비
옮긴이 엄성수

펴낸이 임태순
펴낸곳 도서출판 행복
출판등록 2018년 5월 17일 제2018-000087호
주소 경기도 고양시 일산서구 탄현로 136
전자우편 hang-book@naver.com
블로그 blog.naver.com/hang-book
전화 031-979-2826 팩스 0303-3442-2826

ISBN 979-11-964346-4-9 03400

값 17,000원